出品

SONGZEN PUBLICATIONS

SUCRAFTS SERIES

U0264231

周骏 拙石 主编
苏作匠心录丛书
（第二辑）

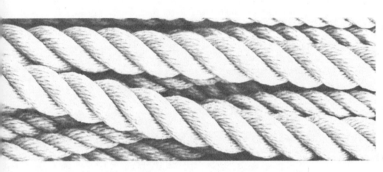

古典空间里的
欲望困境
THE DILEMMA OF DESIRE IN CLASSICAL SPACE

徐伉 著

曹志凌 摄影

中国建筑工业出版社

苏州是吴文化的发祥地之一，也是世界上文化资源总量最多、门类最齐全的城市之一。特别是在明清时期，苏州的创意设计已在全国独领风骚，形成了独具风格的"苏作"产业，如著名的"苏绣"、"苏扇"、"苏作家具"、"吴门画派"、"苏作玉器"、"苏州园林"等。这些以地域命名的特色产品从设计到加工工艺、手段都具有独创性，这就是历史上的创意产业。当时的苏州是引领全国的时尚之都，京城的皇族、贵族都以拥有"苏作"文化产品为荣耀。近年来，"苏作"设计、工艺与营造产业在继承传统优势的基础上突飞猛进，不仅在传统行业，在许多新兴产业也展现出"苏作"的特征。而建筑是城市的脉络，是城市发展的根，苏州是一座拥有2500多年历史的名城，园林建筑就是苏州的城市之根。在历史演进的过程中，苏州不仅形成了园林、民居、小桥、流水等独具特色的建筑与城市风格，还孕育了一支在中国乃至世界建筑史上声名卓著的建筑技艺流派，这就是香山帮。香山帮作为苏州古典园林与传统建筑的缔造者和传承者，可以说，香山帮传统建筑营造技艺堪称"苏作"中的第一作，因为正是苏州古典园林和传统建筑为"苏作"提供了空间载体，使物质文化遗产和非物质文化遗产得以在此交集容纳。

苏作匠心录丛书的选题、编撰、出版就是致力于汇集整理、研究传播"苏作"在当代的发展与实践，它既是一类重要的技艺研究总结，也是一类广义上的"与古为新"的文化研究课题，呈现融境中西方的美学价值和社会价值。本丛书分为二大板块：一是苏作营造（园林建筑与陈设）；二是苏作传统工艺与当代设计；三是苏作与文化研究。值得强调的是，这三大板块的内容更是聚焦于当代苏作匠人、设计师、学者的精工开物，因此，匠心录就成为他们研创磨砺、殚精竭虑、心血汗水与激情的一份记录与总结。

古老的中国在发展的漫漫长路上，其空间哲学与生命美学一直经历着更迭与融合，其间，"苏作"就是参与空间建构和文化建构的一支重要力量。今天，我们更有理由相信，在这片中华大地上，"苏作"正以构筑传统与现代、历史与未来的融合之境，为我们展开一幅当代匠心的阐释之卷。

苏作匠心录丛书（第二辑）包括《古典空间里的佛像艺术》、《古典空间里的碑刻艺术》、《古典空间里的宋风家具》和《古典空间里的欲望困境》。显然，《古典空间里的欲望困境》这部书已经脱离了器物技艺层面，而是关涉建筑、空间背景中的欲望及其哲学人类学的叙事讨论，进而"苏作"已成为一个文化概念的综合，这也赋予了"苏作"一种形而上的创新价值。于此，我们更希望得到广大专家与读者的不吝批评指正！

是为序。

周骏

苏州重山文化传播有限公司总经理

徐侃

重山文化传播中心总编辑

2017 年 1 0 月于苏州

目录
contents

导论 _ introduction
001

宴饮 _ feasting
023

游赏 _ sight-seeing
055

情色 _ erotic and sexual culture
087

藏书 _ collection of books
127

结语 _ conclusion
161

文献 _ references
185

后记 _ postscript
189

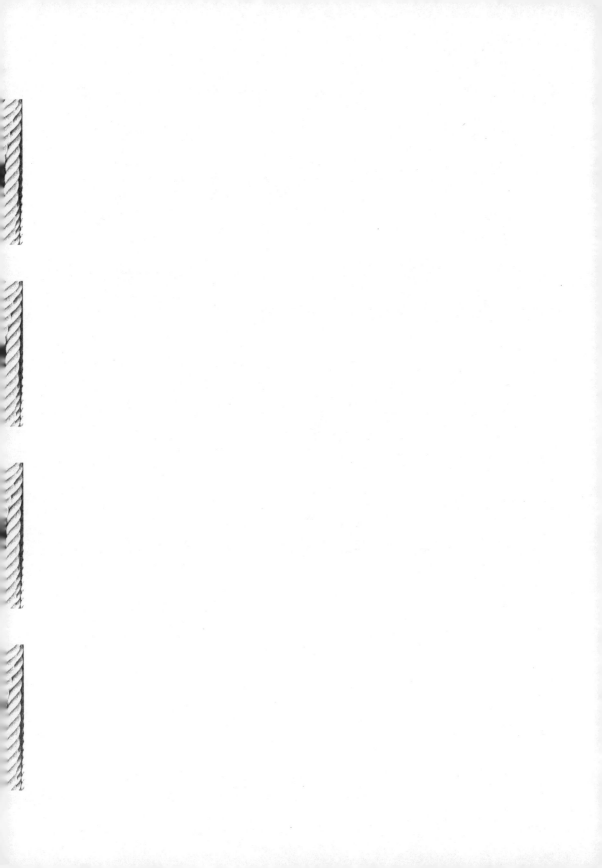

导论

introduction

事实上，人类有的就是一条意识流，欲望会在这条意识流中起伏来去，并没有什么永存不变的自我能够拥有这些欲望……历史研究最重要的目的，其实是让我们意识到一些通常不会考虑的可能性。历史学家研究过去不是为了重复过去，而是为了从中获得解放。

——（以色列）尤瓦尔·赫拉利

岁月如花，乐和可言？然真乐有五，不可不知：

目极世间之色，耳极世间之声，身极世间之鲜，口极世间之谭，一快活也。

堂前列鼎，堂后度曲，宾客满席，男女交舄，烛气熏天，珠翠委地，皓魄入帐，花影流衣，金钱不足，继以田土，二快活也。

箧中藏万卷书，书皆珍异。宅畔置一馆，馆中约真正同心友十余人，人中立一识见极高，如司马迁、罗贯中、关汉卿者为主，分曹部署，各成一书，远文唐宋酸儒之陋，近完一代未竟之篇，三快活也。

千金买一舟，舟中置鼓吹一部，妓妾数人，游闲数人，泛家浮宅，不知老之将至，四快活也。

然人生受用至此，不及十年，家资田产荡尽矣。然后一身狼狈，朝不谋夕，托钵歌妓之院，分餐孤老之盘，往来乡亲，恬不知耻，五快活也。

这是明万历二十二年（1594年），晚明性灵派文学领袖袁宏道入仕吴县（今苏州）知县，在他写给舅舅龚惟长的书信中，提出了著名的"五快活"。这"五快活"也为我们掀开了晚明时代帷幕的一角。

明代晚期，苏州已成为当时中国最大的工商业城市，年税收占全国的十分之一。整个晚明中国，GDP占当时世界的近一半。晚明的苏州已然是引领全国时尚的首席城市。例如在服饰方面，形成了"苏样"的流行风格；在旅游方面，虎丘与葑门外荷花荡成为优游林下、阖城狂欢的向往胜地；在园林宅邸方面，苏州士大夫园林成为举国文士所追求的幻想空间；在家具与工艺美术方面，从苏州流行出去的"苏作"成为皇家采购的首选；在美食方面，"苏帮"菜肴成为张岱的《陶庵梦忆》、李渔的《闲情偶寄》、张瀚的《松窗梦语》里反复絮语的脍炙记忆。

张建雄先生在《资本的出路：海外学者眼中的晚明日常生活》一文中指出："一方面是急于寻找昔日的'秩序'，却又找不到新的路径的士阶层，一方面仍然是小生产结构的市场，那么，资本的出路，似乎注定要被掌握着所谓文化建构的士阶层引向莫名其妙的方向，那就是逸乐。"可以说，资本的出路也是生命欲望价值实现的主要通路之一。而晚明时期苏州城内的私家园林数量达到了空前繁盛的近300处，造园成为当时士人与儒商安排资本出路的最主要的方式。由此，"苏样、苏作、苏帮、优游"等生活方式的表达，得以在园林宅第里逸乐地实现。这些园林生活趣味又是以"选声伎，调丝竹，日游佳山水"和"备它一顶轿，讨它一个小，刻它一部稿"共同成为晚明文士的生命价值沉浸之所在。在他们看来，能置一座宅园，讨个可心的小妾，出版一部书稿，就是人生最大的成就，何须入仕做官，为虚名浪掷青春！

近年有学者李涛、刘锋杰提出，知识分子过剩是中国古代难以根除的一种社会症结，困扰着自汉代以后的每个封建王朝，不过，晚明时期显得尤为凸显。明朝在国家消化知识分子上，除科举取士、允许文士讲学等老调外，并没有出现新的消化渠道和领域，而且，科举制度化的消化功能抵不上它所刺激的知识分子生产效应。这就是张建雄所说的"急于寻找昔日的秩序，却又找不到新的路径"。因此，明代中叶以降，社会上游荡着越来越多的以举业为生，但又被排除在权力之外、身份日益模糊的休闲式知识分子。国家把消化知识分子的压力已经逐渐转嫁给社会。至晚明时期，读书人作为"承学之士"已不同于往日的文人士大夫。过剩的文士们多数不太认真研习儒家经典，更难全身心地奔仕途，而是以文采风流、能诗词、书画为习尚，以结社携妓交游为盛事。

笔者认为，这种晚明凸显的知识分子过剩是因为儒教制度与儒学体系千年以来所固化的主流封闭板块，人欲、性灵、商品在彼时的勃兴所催生的边缘突破板块，这两者产生了剧烈的挤压、扭曲、变形而导致的。晚明所展现的图景一方面是物质文化空前繁盛乃至奢靡，士、商力图合流，雅、俗相互催发，这被西方学者称为晚明中国已是人类史上的"早期现代"；另一方面，从个

苏州艺圃：长窗局部

古典空间里的欲望困境

004

体的角度，士人对人欲与性灵的追崇，对个体自由的向往，对生命价值的重
估，这些都似乎显现了"早期现代"的某些特征并开始了边缘突破。这一现
象被许纪霖先生称为："明代的阳明学是中国的文艺复兴和新教改革，乃是
'个人'通过良知已经在阳明学之中获得了解放，虽然良知还在天理的世界观
之中，但重心已经不在普世的天理，而是个人的良知。王学之后王心斋和李
卓吾分别从'意志的个人'和'私欲的个人'两个层面，肯定了'个人'的

内在价值。"笔者认为，即便这些算是内生的现代性思想，但致"良知"可以"成圣"仍是据人性以过度的自信，再加之彼时社会对奢靡的追逐，这与西方的新教文化及其清教徒资本主义精神形成了鲜明的对比。尽管马克思·韦伯（Max Weber）有关基督教新教伦理与资本主义精神的命题，曾受到英国学者理查德·陶尼（Richard Tawney）和法国学者布罗代尔（Fernand Braudel）以及近年中国台湾学者赖建诚等人的质疑，但笔者认为他们的质疑

苏州狮子林：从假山看湖池

不尽然，并将在本书的"结语"中展开讨论。我们看到的晚明，其凸显的知识分子过剩，恰恰是无法给传统社会输送具备制度性变革力量的人力、智力资源，因而只能拥挤向大一统专制板块的边缘，或以那种"问君何能尔，心远地自偏"的传统幻觉来成就某种"美学"。于是，著名的"五快活"就成为晚明士人拉开那个时代帷幕的代表性宣言，这一宣言所塑造的欲望美学又汇聚为他们的主流人生况味，于是，快活、快感、欲望则成为本书探讨解读"古典空间里的欲望困境"的关键词。

但毕竟我们已身处现代社会，罗岗先生在《"文化研究"如何应对"普遍性"

的挑战》一文中认为："正是因为资本主义（现代社会）在日常生活创造出一种普遍性，所以它必须深入到人的情感、欲望和无意识的层面，因为只有情感动员、欲望开发和对无意识的规划，才能真正打造资本主义（现代社会）所需要的主体，这是一种崭新的生命政治。文化研究如果要将情感、欲望和无意识转化为一个战场，就必须发挥介入到情感等领域的作用，就必须重新书写对于人和主体性的理解，而这同样涉及如何再造一种新的普遍性的问题。只不过这种普遍性不只是政经制度层面的，也是文化心理层面的，进而需要深入到情感、欲望和无意识层面，在新的形势下重新思考'马克思'与'弗洛伊德'的关系，重新规划'力比多'的社会出路。"因而笔者认为，今天来回望被西方学者定义为早期现代的晚明中国，回望古典空间里的欲望困境，回望彼时"力比多"的社会出路，也许能为我们深入理解当下的一种普遍性，开启一个反思的视角。

我们先来解析一下欲望的快感价值："快活"是人类欲望快感的一种实现方式与感受表达，从哲学人类学角度，笔者且将这些"五快活"所获取的快感特征进行整合梳理，然后表述为二元结构：消耗型快感与生产型快感。

1. 消耗型快感

消耗型快感具有以下的特征：

（1）存在于饮食、烟酒嗜好、棋牌游戏、健身、旅游、第三产业中的人际服务消费等领域。

（2）快感的状态为：舒适感、享受感、轻松感、解脱感、刺激感等。

（3）快感的获取无需具备难度的过程（一般智力、体能的人都可获取）。

（4）快感的在实施中具有共享性（可以邀请他人一起参与）。

（5）快感后的结果没有正向物质成果，或仅具有即时分享性价值（如：一般产生垃圾、排泄物或欢聚的即时愉悦等）。

（6）快感往往是占有性（消耗、消费物质或服务）。

（7）宴饮健身等代表了身体性消耗，棋牌旅游等代表了精神性消耗。

2. 生产型快感

生产型快感具有以下特征：

（1）存在于色情生殖、宗教、文化艺术创作、科学技术发明、教育、传统农业和手工业等领域。

（2）快感的状态为：刺激感、美感、劳作感、痛苦感、责任感、幸福感等。

（3）快感的获取需要具备一定的难度过程（如：追逐异性与求婚、创作技能、知识智力与体能等）。

（4）快感在实施中具有排他性（一般具有私密性，独立创作与创新等）。

（5）快感后的结果具有正向物质与精神成果，并具有排他性及永久性价值（如：生育儿女、产生文艺作品、科技发明、专利成果、造就人才等）。

（6）快感往往是奉献性的（如：对儿女的养育、文艺作品与科技成果对人类的贡献、培养人才等）。

（7）色情生殖等代表了身体性生产，宗教艺术等代表了精神性生产。

从以上两类的有关特征指标看，袁宏道的"一快活"和"四快活"属于消耗型快感的实现，而"二快活"和"三快活"属于生产型快感的实现。而此中唯妙的是最后一个"五快活"，这项实际上是指涉及生命终极价值的叩问，笔者在后文再给予讨论。以上提及的色情，作为一种现实存在的现象，本书仅从学理角度论及。在此，仅就消耗型快感与生产型快感之间的关系而言，或许可以这么说，生产型快感决定了消耗型快感的来源和质量，消耗型快感消解和耗费了生产型快感的成果和余存。并且，只有人类，尤其是成人才会去创造与体验生产型快感，儿童与动物体验的大多是消耗型快感。动物的唯一项生产型快感是生殖，然而，动物获取生殖快感的本能是为下一代动物创造继续获得消耗型快感而存在的。此外，儿童在成年之前必须接受长期的教育训练，是为了学习掌握成人社会的常识与规范，掌握创造与体验生产型快感的技能。值得注意的是，是否具有痛苦感是消耗型快感与生产型快感的重要分水岭。可以说，所有的消耗型快感都是主动回避痛苦感，而生产型快感中即便是色情的愉悦，因与性的生殖有关，与痛苦感也是有联系的。并且，所有的生产型快感都是主动意识到并承受痛苦感。特别一提的是：宗教和教育，虽然它们在实施中不一定都具有排他性，但至今人类宗教与教育的主流模式仍是少对多、点对面（神职人员对信徒，教师对学生），这也属于一种广义的私密性传播，而非简单的邀请他人一起参与。宗教的面向痛苦感已是常识，而当代教育的痛苦感则来自人们沉迷于教育的外部价值，包括那些无情、愚蠢的标准化测试以及深受体制化的压迫等。

总而论之，在承认消耗型快感的基础价值之后，生产型快感应是文明的一种高级指标，唯有人类才以这种高级的创造性方式体验着生命的幸福，并且这两者之间存在着"转换性创造"的可能。譬如在饮食领域，一个贪食者，在

苏州拙政园：万字格漏窗

其偏执的美食行为和大量体验积累后，创作出一部具有广泛影响力的美食著作；或，冰激凌是一位不知名的意大利人发明的，并在16世纪居然由西西里岛的一位传教士改良完善了它的制作技术，创造出如今你我手上的美食。这两项就是消耗型快感和生产型快感之间的"转换性创造"。笔者之所以在概念上不使用"创作型快感"而是用"生产型快感"，是因为这样可以面向更普遍的人，普遍的人性，而"创作型快感"更容易倾向于具备创作才能的人。不过，还须说明的是，"生产型快感"不是面向大工业生产方式的，因为在大工业生产及其运作系统中，人基本上丧失了主体性，沦为机器、系统的一部分。此外，弗洛伊德曾说："死亡是所有生命的目的（the aim of all life is death）"，从这个陌生的视角，我们身为先进演化阶段的、由快感驱动的人类（pleasure-driven human），其实不过是"生物只以属于自己的方式"死去的冲动的最新伪装（《弗洛伊德全集标准版》第18卷，39页）。从这个深度源头上说，生产型快感倾向于一种"向死而生"的能指。

以袁宏道为代表所追求的快活人生，在快感的获取上基本实现了均衡配置，获得了晚明举国文士们广泛的激赏与响应。当然，所谓生产型快感的内容成果并不具有绝对的正向性。譬如，据有关考证，《金瓶梅》的作者很可能是

苏州艺圃：砖雕门楼

晚明名士屠隆，该小说中描述的西门庆更多的是欲望的化身。有学者研究称，西门庆以纵欲为目的，自始至终都在打着性欲望的消耗战，以满足他的占有女性的虚荣心。反过来，只有在占有女人的过程中，才能把他迅速积聚钱财和唾手可得权力的那种成功感和虚荣心真切地表现出来。一代文士塑造了一个纵溺欲海的虚拟生命人格，其中却折射出晚明知识分子对家国、社会、功利、欲望等人生主题所隐喻的生命思考与真实困境。还有学者认为，晚明思想家李贽主张一切顺其自然之性，为人应率性而行，快活一生，还大胆肯定"好货"、"好色"，反对程朱理学禁欲主义。西门庆以行动实践了李贽的主张。但屠隆在创作中意识到，作为一种社会势力，西门庆这类人物既不是独立的，也不是积极反抗的，在他们勃兴而起之时，就已经卷入到封建权力的腐败过程中去了。而仅对于创作者，屠隆获得的生产型快感是无疑的。

进而笔者认为，如果说古典园林艺圃代表了文震孟、文震亨等晚明精英型知识分子的生活情趣，那么，同为晚明名士的屠隆却更多地把创作趣味注入《金瓶梅》这样的古典空间。从中我们不难看出，面对道统式授命的天理与封建式资本催发的人欲，晚明知识分子在这两者之间试图挣扎探寻出一条能相互妥协的，在欲望快感价值基础上铺设的人生道路。然而，面对那个知识分子集体放诞快活又焦虑湿身的时代，是否还应一探欲望的终极价值？

受晚明思想家李贽的学说影响，泰州学派在时势的召唤下，发起了"天理即是人欲"的转换。学者葛兆光指出："由于汉族与异族、皇权与绅权、都市生活与乡村生活、市民与士绅之间的种种冲突，社会生活在晚明心学思想家王阳明生活的正德、嘉靖时期起已经发生了巨大的变化。这些变化表面上表现为服饰上去朴从艳，文艺上追求异调新声，知识上转向慕奇好异，在深层次则表现为几个方面的断裂：地区与地区之间的文化断裂，原本一体的城市与乡村断裂，不同阶层的价值取向断裂，士人内部观念世界断裂。"学者叶当前则认为，晚明时期士绅和一些市民的物质欲望日趋强烈，人欲自然得到了提升。另一方面，首批外国传教士利玛窦等开始来华，带来了一些新知识，尤其是科技知识，激发了国人对科学的热忱，随后产生的一大批科研成果，如

苏州艺圃：曲桥

宋应星的《天工开物》、徐宏祖的《徐霞客游记》、徐光启的《农政全书》，都表现了务实的科学精神，有力地冲击了理学建构的理论大厦。再加上汤显祖、徐文长、袁宏道等一大批主"情"文学家的推波助澜，终于导致了"存天理，灭人欲"向"理即欲"的转换。"理即欲"似乎成为晚明文士对欲望终极价值的叩问。

让我们再看看学者郑也夫《摧毁创造力的中国式理性》一文的观点："汉民族，即中华民族的主体，是世界上几乎绝无仅有的未被宗教征服的民族。因此比较其他民族，我们的性格中有最为深厚的唯物主义、功利主义、实用主义基因，少有那些形而上的关照，不切实际的幻想。从某种程度上看我们是最理性的。理性不是与科学接近吗？但哲学家陈嘉映告诉我们，那是罕见的、奇特的结合。在更大的概率上，更惯常的意义上，理性更容易与技术结合，因为技术可以给人类直接的、切实的帮助。而最初的科学思考与神话和宗教一样，不当吃、不当喝，它们是超越现实生活、远离实用功能的。由此诞生的理论就是解释性的神话。其中的主要内容是：世界的起源、人类的起源、自己种族的起源、人的生活的规范，这些都是早期理论继承下来的话题。一般来说，理性态度是反神话的。"

郑也夫还认为，中国人是世界上最为理性的民族，但远不是最富理论兴趣的民族……这两方面很可能互相关联。我们的神话系统没有得到完好的保存，我们不信宗教，我们设计了完善的官僚制度、科举制度，尽管思想、文学、艺术历久繁荣，技术创新一浪接着一浪，我们却没有形成强大的哲学—科学传统，这些事情看来是相互关联的。科学远没有技术那样现实，他造福人类常常是间接的，有着巨大时间跨度的。汉民族较多地浸淫在理性的现实主义层面中。艾恩说："现实主义意味着堕落，绝对的现实主义意味着绝对的堕落"。其意指是多方面的。郑也夫总结为：在创造力方面尤其如此，过度的现实主义意味着我们民族创造力的堕落。

苏州艺圃：东莱草堂

　　笔者则进一步认为，创造力意味着通过生产型快感的体验来获得生命的幸福感。并且，创造力是宗教的源头，也是理论的前提，而人类生命的终极价值又是理论关切的主旨。从对晚明文士的欲望与终极价值叩问，可以直接涉及当代中国人的精神生活。我们看到，中国式理性态度与技术创新的结合，使"理"为"欲"提供了更全面的服务，工具理性实现高度发展，并将其欲望工具锻造得空前强大，而人类终极信仰层面的价值理性因其无用，使我们很容易陷入中国式价值相对主义的泥沼。但这也存在一个转向的可能：即工具理性发展至当代的标志性成果就是AI人工智能的到来，它既能便于我们操纵空前强大的欲望工具来实现不断升级的消耗型快感，也能促使我们将AI人工智能导向开放式平台，进而利用这一大平台资源，在价值理性的反思与重塑中，为中国人、为人类共同体实现"转换性创造"。

（晚明）苏州艺圃：天井小品

话题回到袁宏道所说的："然人生受用至此，不及十年，家资田产荡尽矣。然后一身狼狈，朝不谋夕，托钵歌妓之院，分餐孤老之盘，往来乡亲，恬不知耻，五快活也。"这种欲望人生的自我实现与放逐，看似达到彻底的诗意境界，但晚明文士们本身也并不以为这种"放诞的诗意"具有终极性的价值与意义。从他们的人生中，我们可以领略到那个时代追求性情偶傥、灵欲自由的名士风采，却体味不出在终极价值层面上的自省与自赎。

本书有关古典空间里的欲望困境，笔者选取了"宴饮、游赏、情色、藏书"四个主题来展开叙事。其中，宴饮和游赏代表了消耗型快感的两极，情色与藏书代表了生产型快感的两极。宴饮和情色，即孔夫子所言的"食色，性也"，于此二项产生了困境或许是因纵欲过度，很容易理解，但游赏和藏书，这么美好的欲望，为什么还会有困境呢？

笔者于此稍作展开交代：我们先从人类旅游业的时空大环境看，英国学者斯科特·拉什和约翰·厄里的研究称，西方社会的旅游业经历了四个阶段与形态：（1）前资本主义阶段，有组织的探险；（2）自由竞争资本主义阶段，富裕阶层个人旅行；（3）组织化资本主义阶段，有组织的大众旅游；（4）非组织化资本主义阶段，"旅游的终结"。

他俩认为，现代旅游工业的正式兴起，始自1841年英国建立的库克父子旅行社。（从历程的表面上看）旅游工业似乎导致了社会阶级的融合。库克相信，自由流动的机会是极其重要的人类自由。他还为维多利亚时代大批英国妇女的出游起了重要作用。参加库克旅游团的女性人数超过男性。他的公司经常使未婚女性在无人陪伴的情况下成行出游。尤其是在两个方向上，西式旅游工业奠定了当代旅游文化的热点取向：一是通过旅行社和旅行操作者而兴起的大众海外旅游；二是围绕（历史）文学和自然现象构造"地点神话"。

笔者认为，中国传统社会的旅游文化，尤其是远程旅游，则主要是由皇家、士大夫、文人和一部分工匠以非组织化的方式塑造的。如：历代皇帝的南巡、士大夫的入仕赴任、文人的赶考游学、以蒯祥父子为首的香山帮工匠进京从事营造工程等，这些都是男士主导的中式传统旅游特征。在当代中国，似乎有组织的大众旅游仍是风起云涌、浩浩荡荡，而"旅游的终结"尚未见端倪。仅就就业人数和世界贸易份额而言，21世纪的旅游工业已经成为世界上最大的产业，并且西方社会已进入了非组织化资本主义阶段，部分的"旅游的终结"似乎也体现在斯科特·拉什和约翰·厄里所说的"财力交换知识产权"之中。

苏州艺圃：乳鱼亭框景

斯科特·拉什和约翰·厄里认为，尤其是在财力交换视觉财产方面，旅游中的人即使不能占有正在被观赏的财产，哪怕是暂时占有权，却能观赏、记忆风景和城景。旅游业与众不同的特点，也许正是这种"凝视"不熟悉景象的能力。旅游业预设着游客用财力来交换短暂视觉财产，他们得到占有离家空间的短暂权力，就获得此财产。在学者彭兆荣看来，全球旅游业的兴起，对于第三世界的旅游工业发展，他们经常不得不拿出他们唯一所有的"自然资源"去进行交换，以至于有的时候不惜以巨大的消耗甚至破坏为代价。在这些当代西方的"边缘地区"，一方面为东道主带去大量的财富，另一方面，大量游客的"侵入"，对东道主社会，特别那些广大的边缘社会"原先美好事物的系统遭到毁灭性的破坏"。笔者进而认为，即便是新兴经济体国家（如中国）的游客趋之若鹜的当下海外旅游，尤其是奔赴欧美、日本等发达国家的"时尚朝圣"，伴随奢侈品、保健品等的疯狂采购，以及在文物上涂刻"到此一游"这类近来也发生在"清华、北大名校游"的事迹，正是以短暂视觉财产的"空间征服—空间占有—空间消费"来延伸身体消费（消耗）。

再回到有关古典空间里的游赏，晚明的自然山水空间、园林建筑空间也都是人们延伸身体的消费（消耗），古今的消费（消耗）从其结果上讲，都是消耗型快感的最高级生成。但这种快感往往给我们造成一种对其"消耗型"持否定的错觉：我把金钱财富甚至人生都用在行万里路，走遍天下上，这难道不是一种伟大的自我实现吗？是的，这是一种自我实现，但这种错觉恰恰在于对人的终极价值的判断尺度上：是自我实现以自我消耗为止，还是自我实现以生产创造为始？

最后，我们该谈谈藏书的快感及其困境，众所周知，藏书的功能应是对典章文明、文化艺术、科学技术等人类典籍作品的收藏、保存、传播。这些收藏、保存、传播的是具有生产型快感属性的人类成果结晶，并且这些成果结晶以图书为传统载体，无论对于图书的写作者、收藏者还是传播者，其在哲学人类学意义上所达成的生产型快感之创造性体验是毋庸置疑的。藏书者的伟大在于以物质财富换取精神产品，并且以收藏、阅读乃至传播来维系人类的精神文脉。可以说藏书者与创作者是一体化的，其对应的另一极即为色情与生殖的一体化。因情色、藏书还是本书主要提取的二项古典空间叙事，并且，藏书者的痛苦感是浸入在对伟大作品的感同身受和对创作者经验痛苦感的那些深切的精神共鸣之中，所以，藏书也可以视为一种生产型快感的高级生成。而晚明古典空间里的藏书受限于彼时中国的现代性知识资源匮乏，传统藏书无论如何宏大壮观、华丽深邃，它都无法内生现代性精神，尤其是无法内生现代性制度力量来开启中华文明的自我更新、与时俱进，此即为本书所强调的一种困境。

苏州拙政园：五曲桥西拍见山楼一角

在地球村的今天，在中华民族伟大复兴的呼声日益高涨的当下，回望晚明文士的欲望价值在古典空间里的扑朔迷离，我们是否可以宣称身体与精神的解放已然实现，还是陷落于"人生而自由，却无往不在枷锁之中"的谶言困境？

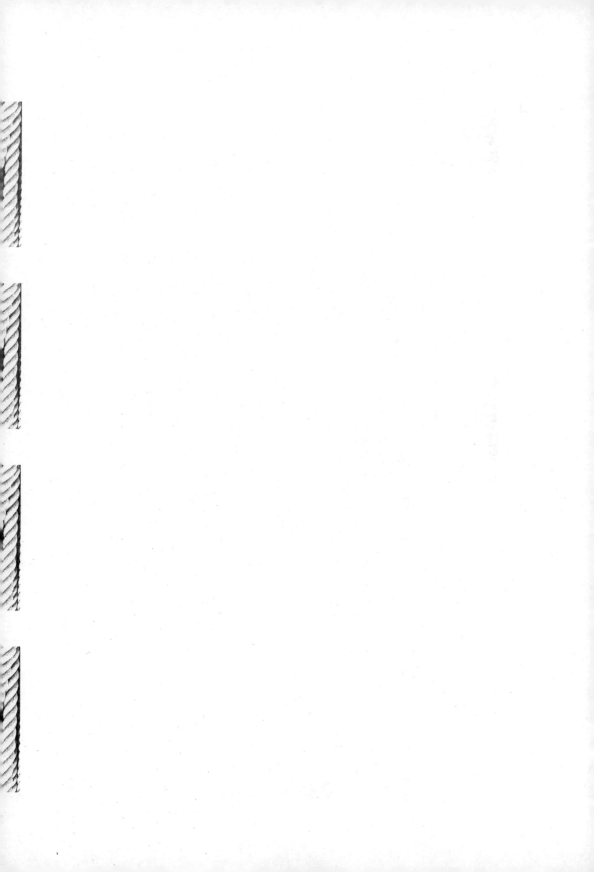

宴饮
feasting

远古的狩猎采集者，只不过就是另一个动物物种。农民以为自己是上帝所造万物的顶峰，科学家则要让人类都进化升级为神。

——（以色列）尤瓦尔·赫拉利

仅以美食巨著《随园食单》和广收女弟子这两项就足以名动海内，这种令世人津津乐道以致艳羡的才情，大文豪袁枚可谓独步康乾盛世的江南，与纪晓岚并称南袁北纪。他才华诗文冠天下，仅出仕七年，旋即辞官归隐在南京小仓山下构筑随园。这随园体量规模宏大，随山势坡地建造，占地数万平方米，被称为集江南园林宅第之大成，却不似其他私家园林那样有高墙围合，而是一座没有围墙的园林居所。因此据说，当时每年有近十万人的游客来造访随园这一私人之家，这在中国园林史上绝对是奇葩，可惜后来毁于太平天国战火。

身兼著名美食家，袁枚在其《随园食单》的序文里曾引述古籍《典论》所言"一世长者知居处，三世长者知服食。"翻成白话文的意思是"富一辈者知道盖屋，富三代者才懂吃穿。"你看看，他又是筑园，又是讲究吃，又是女弟子们侍拥左右创作一部食单，涵盖316种菜肴、食材、茶酒水，成为他堂皇号称的正大学问的一部代表作。一边继承了至圣先师孔老先生的"食色，性也"命题，一边又颠覆了先师要求"君子远庖厨"的训言，他说："余雅慕此旨，每食于某氏而饱，必使家厨往彼灶觚，执弟子礼。四十年来，颇集众美……"一身扮演了既是家厨的主人，又是秘书的角色。今天的我们或许还能顺势推想一下那种种的妙丽喷香弥漫背后，有位女弟子一定正在庖厨吧！

时光扯回当代，著名文学评论家、中国作家协会副主席李敬泽先生十年前曾默默无闻地出版了一部散文集《反游记》，好像近年此书才开始火起来，其中一篇《百灵地》有这么一段描述："今天的乌兰察布依然是百灵地。据说秋天和冬天仍有大群的百灵鸟在草原上飞翔。那时捕鸟者就来了。他们举着铁丝编成的兜子追逐着鸟。他们太笨了，聪明的捕鸟者索性就在草原上撒药，于是鸟被成群地毒死。死去的鸟不会唱歌，用兜子扣住的鸟也不必唱歌，他们被开膛，拔毛，洗干净，滚上油、盐，在火上烤，这是一道菜，叫'烤百灵子'。据说，烤百灵子并不好吃，一位当地的朋友困惑地说：'有什么吃头啊，干巴巴的，没有一两肉。要不你也去尝尝？'我连忙表示并无兴趣。不过对他的困惑，我倒有一点心得。我说，事情是这样的，我们吃既不是由于饥饿也不是为了好吃，吃的目的就是吃；我们决心吃掉世上的一切，只要它能吃，我们就把它嚼烂，吃下去，然后再排泄出来，我们从中感到无穷的乐趣。只要天上还有生灵，地上还有草木，什么也不能阻止我们为吃而吃，把世界变成屎的宏伟事业。"

这两位大文人相距300年，为什么他俩会对"吃"有着如此剧烈悬殊的感受？是时间和历史导致的？是意识形态导致的？还是纯属个人喜恶？

就这本书有关"消耗型快感与生产型快感"的主题，笔者先抛出一个看法，即：无论时间、历史和意识形态如何变化，人类的欲望没有任何变化，若有变化，在这方面则是饮食伦理的变化。"吃"作为消耗型快感的最基础指标，从其结果导向看，必然会令作协副主席愤慨地将"中国人的为吃而吃"斥为"把世界变成屎的宏伟事业"，并且，再伟大、再诗意的随园食单入厨上桌后，天下没有不散的宴席，四散而去的高朋们回去后也都会纷纷执行那个宏伟的事业，吃的物质成果就是如此。至于个人喜恶，你可以称自己喜欢吃这个，不喜欢吃那个，但是你很难喜欢吃世界上一切的食物，或不喜欢吃世界上一切的食物。所以说，作协副主席的以上表态，更代表着对国人饮食伦理的深刻反思。

既然讨论"吃"，那么"宴饮"则必然是"吃"的最高规格，因还涉及是在古典空间里的吃，笔者于此把视野聚焦到晚明时期的宴饮生活，看看我们是体会到了晚明入清后被总结出的随园食单的妙境，还是对那项宏伟事业的一声叹息，亦或是两位高士的混合版？

说到晚明时期的宴饮，则必然谈及奢靡之风的苏州。明代嘉靖人士何良俊所言："年来风俗之薄，大率起于苏州，波及松江"，扬州府属于泰州，本来民风淳朴，后"渐以奢相向，宴会服饰，比于三吴"，山西虽处西北，"而奢靡风，乃比于东南"。晚明人士张瀚的《松窗梦语》更是提及："自昔吴俗奢华，乐奇异，人情皆观赴焉。吴制服而华，以为非是弗文也；吴制器而美，以为

苏州拙政园：归田园居入口

非是弗珍也。四方重吴服，而吴益工于服；四方贵吴器，而吴益工于器。是吴俗之侈者愈侈，而四方观于吴者，又安能挽而俭也。"也就是说，晚明的苏州，以苏意、苏样、苏作、苏帮为领衔，成为举国的时尚中心，这些甚至足以搅动京城的皇族们成为一大圈粉丝。而著名的苏帮菜也就自然摆上了这样的时尚中心：苏州的宴饮筵席。清初文人叶梦珠回忆说，晚明之际肆筵设席，吴下向来丰盛。缙绅之家，或宴请官员、长辈，一席之间，水陆珍馐，多至数十个品种。即便是士庶和中产之家，定亲宴的一席也多达二三十个品种，若仅是十多个品种的话，则是寻常普通的宴请。《金瓶梅》中有关酒席的消费，一般也有五两、四两、三两不等，足以是布衣贫寒之家一年饮食开销的三分之一。苏州士大夫之间平日里的诗酒联欢，也要三五两银一席，这样旷日持久地往来，其费用也非常可观。更为壮观的是明清更替之际著名的复社，其尹山大会、金陵大会、虎丘大会等大型聚会，四方造访者自舟楫帆影相蔽而下，参会人士及其随从有的在船上烹饪，烟火四、五里相接，这种景象重复了十余年而无倦色。尤其是虎丘大会，《复社纪略》记载："山左、江右、晋、楚、闽、浙以舟车至者数千余人，大雄宝殿不能容，生公台、千人台，鳞次布席皆满，往来如织，游人聚观无不诧叹"。甚至稍后的清顺治十年，有同声社和慎交社仿效复社再度召集虎丘大会，只见二十多艘大船横亘山塘河、环

苏州拙政园：归田园居茶室

苏州拙政园：从倒影楼看水廊

苏州拙政园：小飞虹

山河中流，每艘船上安置数十桌宴席，还有歌姬伶人在船上演出助兴，满船烛光映照，如粲然繁星。伶人们数部歌声竞发，达旦而止，较之复社更是穷极声色，风靡无极。与虎丘遥对的苏州城里，士人们频繁燕集，日日宴饮高歌成为他们社交活动的写照，甚至连一些贫寒之士也多以交结为事，如祝允明就是"有所入，辄如客豪饮，费尽乃已"；顾斗荣经常宴请满座客人，每天的招待费花费达万钱，入不敷出就动用父亲的养老钱，最后搞得自己还是贫病而亡。《列朝诗集小传》记载士人徐干原家道破落后，依然"花晨月夕，诗坛酒社，宾朋谈宴，声妓翕集，典衣鬻珥，供张治具，唯恐繁花富人或得而先之。"

宴饮一定是无酒不成席，高潮一定是无酒不欢，当时江南士人竟然有因嗜酒出名，推出了"饮酒达人榜"。时人顾玉亭的《无益之谈》发布如下："长洲顾嗣立侠君，号酒王；武进庄楷书田，号酒相；泰州缪沅湘芷，号酒将；扬州方丈无须，号酒后；太仓曹仪亮俦，年最少，号酒孩儿。此外，吴县吴士玉荆山，后官郑任钥鱼门，惠安林之浚象湖，金坛王澍箬林，常熟蒋涟檀人、蒋涸恺思，汉阳孙兰荪远亭，皆不亚于将相。每则耗酒数瓮，然既醉则欢哗沸腾，杯盘狼藉。"甚至连那些不善饮的士人也是趋之若鹜，如名士袁宏道，酒量小，但热衷以酒会友，于是他发挥自己善于搞理论的特长，写了篇《觞政》，试图制定律令来规范饮酒礼节，以正彼时已大觉鲁莽、刹不住车的饮风。应该说，如此沉迷酒海，正是很多士人深感怀才不遇，沉浸于自我的"壶中天地"的普遍现象。科举制至晚明时期，读书人作为"承学之士"已不同于往日的文人士大夫，过剩的文士们多数不太认真研习儒家经典，更难全身心地奔仕途，而是以文采风流、能诗词书画为习尚，以宴饮、结社、携妓交游为盛事。

继续有关宴饮的话题，我们把视线投向《金瓶梅》这部中国16世纪最伟大的社会生活小说，有学者统计，其中对"性"的描写约105处，而对"食"的描写，涉及饮食行业有20多种，列举的食品包括主食、菜肴、点心、干鲜果品等达200多种；茶19种，"茶"字734个，饮茶场面234次；酒24种，"酒"字

苏州拙政园：海棠春坞

2025个，大小饮酒场面247次。这些数据令人惊叹，之前往往许多人谈《金》"色"变，其实，此书的"食"在规模、数量、密度上早已压倒了"性"，难怪袁宏道在《觞政》中高度评价《金瓶梅》为酒经之外的"逸典"。

这部刻画明代中晚期社会的商人及其世俗生活的巨著，其中大小宴饮228次，在数量上没有哪部小说堪与比肩。宴饮的无休无止，学者贾海建对此有这样的描述："有时一天之内大宴小宴轮番举行，从早饭后开始不到'掌灯时分'、'一更'、'二更'绝不收场。'吃了一日酒'常用来总结西门庆一天的活动。如第十二回西门庆与帮闲在勾栏中日日在宴饮，时时在宴饮。一天，众人'相伴着西门庆，搂着粉头，花攒锦簇，欢乐饮酒'，宴饮中帮闲被李桂姐的笑话所激怒，'置办东道，请西门庆和桂姐'，于是酒肴重整，从一场宴饮转入了下一场新的宴饮。最为典型的还是第四十五、四十六回元宵节当日的宴饮，场次之频、之多让人应接不暇。早饭后不久，帮闲们陆续来到西门庆家，于是西门庆在前厅安排酒桌，宴饮开始；将近黄昏时分，月娘等妻妾去

苏州拙政园：凌波曲廊

苏州拙政园：待霜亭北侧

苏州拙政园：见山楼北侧小桥向东池岛假山

苏州拙政园：枇杷园入口

苏州拙政园：远眺远香堂

吴大妗子家饮酒；在此期间西门庆与帮闲的宴饮一直未中断，黄昏时分黄四、李智告辞归家，于是'西门庆命收了家伙，使人请傅伙计、韩道国、云主管、贲四、陈敬济，大门首用一架围屏安放两张桌席，悬挂两盏羊角灯，摆设酒筵，堆集许多春檠果盒，各样肴馔'，新的一轮宴饮开始；接着贲四娘子请春梅、玉箫等得宠的"四姐儿"去她家赴宴。这样一来，三场宴席同时进行。晚间，西门庆安排玳安接其妻妾，于是焦点转向妻妾参与的宴席；在宴席临结束时，月娘吩咐仆人回家取皮袄，跟随着取皮袄的琴童的行动，视线又转移到了"四姐儿"在贲四家的宴饮，期间又穿插进了小玉与玳安的宴饮取乐；琴童玳安取回皮袄，目光又移到了妻妾的宴饮；月娘等妻妾从吴大妗家散席归来的路上，又被乔大户娘子拉进家里饮酒，最后随着妻妾的归家视线又回归到西门庆与帮闲的宴席上。纵向上，一场宴饮接着一场宴饮；横向上，多场宴饮同时进行，并且焦点在宴饮与宴饮之间不断的转换交叉，纵横交错中令人眼花缭乱。……另外，此书中宴饮交替还有一种很特殊的情况，即一般在大型的正式宴会后必定紧接着一场小型的较随意的宴饮，而帮闲便是这种宴饮的常客。"

这些宴饮连环迭起，从中不难看到西门庆对靡盛的夸逐人生以及对这种不休不尽的流连，对消耗型快感的盛极不衰的祈望。然而，盛极必衰是中国传统文化推衍万物的一条法则，也是《金瓶梅》这部巨著的形而上价值，只是作者兰陵笑笑生对这种盛极必衰的劝讽隐藏在对宴饮享乐津津有味的叙述文本中。譬如第十回妻妾宴赏芙蓉厅，有这样的描摹：

"怎见当日好筵席？但见：香焚宝鼎，花插金瓶。器列象州之古玩，帘开合浦之明珠。水晶盘内，高堆火枣交梨；碧玉杯中，满泛琼浆玉液。烹龙肝，炮风腑，果然下箸了万钱；黑熊掌，紫驼蹄，酒后献来香满座，更有那软炊红莲香稻，细脍通印子鱼。伊鲂洛鲤，诚然贵似牛羊；龙眼荔枝，信是东南佳味。碾破凤团，白玉瓯中分白浪；斟来琼液，紫金壶内喷清香。毕竟压赛孟尝君，只此敢欺石崇富。"

苏州拙政园：从梧竹幽居看海棠春坞1

苏州拙政园：从梧竹幽居看海棠春坞2

视线再转向以宴饮和作诗为主基调的文人雅集。明代中晚期，雅集活动遍及大江南北，分别形成了以北京、江南和长城为核心的三个各具特色的雅集群体，它们之间还相互渗透、影响、融合。如果追溯雅集的起源，可以上溯到《诗经》时代，至汉朝，名士枚乘、扬雄、司马相如等都是王公的座上客。据说，七言诗就是自汉朝的雅集始创的，这一时期奠定的君臣游宴的文学基调为后世所袭。东晋永和九年（353年）中国文化史上最著名的事件"兰亭雅集"由王羲之召集诸同志好友们以士人间的聚会宴饮形式在会稽山阴之兰亭举行，随后《兰亭集序》则书写出千古之绝唱。至明万历二十八年（1600年），第一位定居北京的耶稣会传教士利玛窦身着儒服与士大夫们宴饮赋诗，他的挚友徐光启、李之藻赞誉他为"西儒"，其他的名士如李心斋、李贽、瞿太素、叶向高等人也都与传教士有过雅集交往。他们常在一起讨论道德问题和追求美德的问题，还对宗教信仰问题展开辩论。此时这样的雅集已经成了国际文化交流的俱乐部。

据现代学者郭绍虞研究，明代中晚期社会上可考的经常举行雅集的社团达170余个。尤其是晚明，这是一个俗文化勃兴，以至于要求文雅传统改变其面貌的时代，于是通过雅集这个平台，士人之间、士人与各阶层不同人士之间结成了一个不断壮大的朋友圈。雅集的参加者从传统的文士扩展到有商人、僧

苏州留园：从绿荫轩看湖池

侣、狂士、隐士、妓女、艺人、传教士等，圈集社会各个阶层。而这个俗文化的勃兴，伴随的是奢侈、享乐风气盛行的时代。而与北京和长城地区的雅集相比，这一时期江南的雅集宴饮内容更丰富而随意，地点选择范围更大，持续时间不固定，有的雅集竟一次长达数月之久。晚明雅集的文士们聚在一起号称："诗不成无返，醉无返，日暮无返，风雨冰雪无返，兴不尽无返"，

甚至可以不受年龄、辈分、社会地位的限制，彼此呼朋唤友、随兴随意，甚至轮流主盟。

明四家之首的沈周有一处别墅叫"竹居"，他经常耕读其间。每逢好日子、好时辰，他就置备酒肴，邀亲近好友一起宴饮，从容谈笑间，还取出收藏的善

苏州拙政园：复廊东花园部分1

本古董与友人们品题抚玩，诸人乐不知倦。到了晚年时，沈周的名气更大了，来参加雅集宴饮的客人都多到了踏破门槛、人满为患的地步。

万历二十七年（1599年），曾任吴县县令的袁宏道与袁中道、袁宗道以及黄辉、钟起凤、谢肇淛、方文僎七人仿竹林七贤举行雅集宴饮，并作诗："树上酒提偏，波面流杯满。榴花当觥筹，但诉花来缓。一呼百螺空，江河决平衍。流水成糟醨，鬓髭沾苔藓。侍立尽醺颠，不辨杯与盏。翘首望裈中，天地困沉沔"。这种极尽感官享乐的美好，沉浸在雅集宴饮的畅快淋漓中，以致情不自拔。

苏州拙政园：复廊东花园部分2

雅集宴饮的感官享受也确是一份美好回忆，明朝遗民张岱在《陶庵梦忆》里提到，每逢十月的秋色连天，他都会约请友人们组织蟹会，大家午后聚集而来，开始煮蟹而食，每人6只，宴饮时间持续已晚，又恐蟹冷有腥味，再进行二次煮食，还辅以其他美食佳酿助兴。这些细节已成为晚明小品文中记俗达雅、俗雅相生的一笔隽永水墨。同样是这位极富才情的官四代、富四代张岱，曾屡次投身科举考试，却连举人都未考上，于是从老家绍兴放舟出行，长期逗留于南京、苏州、杭州等繁华城市，自谓："好精舍，好美婢，好娈童，好骏马，好华灯，好烟火，好梨园，好鼓吹，好古董，好花鸟，兼以茶淫橘虐，书蠹诗魔。劳碌半生，皆成梦幻。"他还说："人无癖，不可与交，以其无深情也；人无疵，不可与交，以其无真气也"。这两句张氏名言似乎已经成了今日很多成功文士参透人生后向往膜拜的箴言。

苏州拙政园：游脊上的秋景

晚明高濂的《遵生八笺》、李渔的《闲情偶寄·饮馔篇》、陆容的《菽园杂记》、杨慎的《升庵外集·饮食部》等都是当时的美食养生名著，酒书则有冯时化的《酒史》、袁宏道的《觞政》等。尤其是《遵生八笺》，内容涵盖茶泉类、汤品类、熟水类、粥糜类、粉面类、脯鲊类、家蔬类、野蔬类、酿造类、甜食类、法制药品类、神秘服食类及治食有方专论，共计12类253方。明万历十九年（1591年）此书甫一出版即享誉海内，直接影响了后来跟进的美食家张岱、袁枚等人。张岱还继承祖父张汝霖为杭州的"饮食社"撰写的《饕史》，续写了著名的《老饕集》，甚至对食蟹的嗜好还招来了李渔的英雄所见略同："予于

苏州拙政园：远看见山楼

饮食之美，无一物不能言之，且无一物不穷其想象，竭其幽渺而言之，独于蟹鳌一物，心能嗜之，口能甘之，无论终身一日皆不能忘之，致其可嗜、可甘与不可忘之故，则绝口不能形容之。"这种不离世俗，享受世俗却以一种自号为"山人"的隐逸符号盛行于晚明，这些所谓的"山人"并不隐居于山，而是绝大多数混迹于世俗，于是城中的园林宅第就成为他们理想的"城市山林"，如果同时又筑一处别墅于真山水间，那么，"山人"的真性情在沉靡世俗又沐浴山水的往返中，或许正为我们展开一幅描摹彼时生命状态的古典空间画卷。

（明）文徵明：真赏斋图

同为明四家的文徵明的名作《真赏斋图》，此时就进入了我们的视线，这是他在明嘉靖二十八年（1549年）八十岁时为好友华夏（字中甫）而作的。收藏家华夏在无锡隐居时，曾在太湖边修建了别墅真赏斋，用于收藏鉴赏金石书画。因具备四十余年的鉴赏眼光，华中甫被时人称为"江东巨眼"。此画有乾隆、嘉庆、宣统御览钤印，现藏上海博物馆。画中描绘了一次小型宴饮即将开始的一处古典空间场景，建筑居于画面中心，主堂居中，侧房居左，庑屋居右与主堂有廊相连；三座建筑屋面皆为上覆茅草的硬山顶，正脊与垂脊皆

为竹材覆箍；以建筑外立面看，主堂有通开间落地长窗，侧房有半窗，庑屋山墙亦开落地长窗；三座建筑皆落座于低薄的台基之上，可称为"草堂式的真赏斋"。其建筑组合布局随意、主次分明，建筑形制简朴并充分使用了天然材料，如果一定要说有什么样的建筑风格，那么，中晚明时期江南文士在郊野山水间的别墅，也就大致是这样来追求那种率真质朴、散淡旷逸的美学，还造价低廉、气质不俗，以今日之眼光，极具极简主义美学范。

（明）文徵明：真赏斋图（局部）

透过拉开的主堂落地长窗，只见主人华中甫坐于四边牙条带壸门尖轮廓线脚的大桌案后，正聚精会神地展开一幅书画细品；桌面上置一部书函、两个卷轴、一个插有两支毛笔的笔筒、一只香炉，其中一幅长卷轴摆在桌对面而坐的客人（据称就是文徵明本人）近前，客人右手正按住长卷，似等待与主人的又一幅交流；大桌案与侧桌相接，一书童侧立于侧桌之前，捧卷侍候。左边侧房的窗帘半挑，书架上满置书籍，另有一几案上置书籍与古琴。右边庑屋内有两位仆人似在烹茶，但是细观屋内矮桌上有酒壶一把和碗碟数只，并且一仆人跪地煽火，另一仆人立于炉前，手执筷子做烹调状。一般烹茶仅需一位书童或仆人即可，而此处炉前却是两位正在紧张忙碌的仆人，综合以上观察来判断，他俩应是在为真赏斋即将开始的小型宴饮准备料理。之所以说是即将开始的宴饮，还有一细节参证：观画面的左下方，一位头戴纶巾的高士率一书童正从溪岸对面走来，书童肩挎装有一大捆卷轴的包袱，仰首紧步跟随，高士低头回看书童，似再次叮嘱几句。高士与书童的即将到来，两位仆人的紧张忙碌，以及主人华中甫与客人画家从容沉定地鉴赏品读，这两"动"中间夹一"静"，催生了空间叙事的张力，暗示了一个小型的，由主人华中甫、画家文徵明和纶巾高士这三人组成的雅集宴饮即将开始了！

（明）文徵明：真赏斋图

再从真赏斋的周围环境看，屋前有苍松湖石挺立，屋后有茂林修竹依溪流簇拥，透孔湖石点缀于树丛掩映处，远山数抹逶迤连绵，近山点簇柔密，斋前溪流清澈静谧，不远处的石板拱桥正默默等候着高士、书童的踱步而过。人物、建筑、树石、山水所构成的这一空间氛围及其弥漫着暖暖的漫射光，让笔者更愿意认为这是一个将近黄昏时分，即将雅集宴饮的"决定性瞬间"。因为画家明白，一旦直接描绘三人宴饮现场，那立刻消失的就是三人间彼此的真赏，绘者与观者间的真赏，过去、当下与未来间的真赏，只能徒留这美妙的古典空间去让人去咀嚼那点无需赘述的消耗型快感了。

（明）文徵明：真赏斋图（局部）

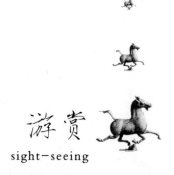

游赏
sight-seeing

实验告诉我们，人体内至少有两种自我：体验自我（experiencing
self）及叙事自我（narrating self）。每次叙事自我要对我们的体验
下判断时，并不会在意时间持续多长，只会采用"峰终定律（peak-
end rule）"，也就是只记得高峰和终点这两者，再平均作为整个体验
的价值。

——（以色列）尤瓦尔·赫拉利

传教士利玛窦与同伴金尼阁神父（Nicolas Trigaut）、卫匡国（Martino Marltini）、荷兰使节尼霍夫（Johan Nieuhoff）等人继马可·波罗之后，带给欧洲有关中国的种种神奇以及对于欧洲人来说的种种幻境，在中国却是皇族与士大夫们日常空间的真实写照。

譬如，金尼阁记述了利玛窦在南京一位皇族官僚家做客的情景："它是全城最精妙的花园。在这花园里，有许多从来没见过的东西。连记述它们都是愉快的。那儿有一座人工假山，全用各种粗矿毛石堆叠起来，恰到好处地开着几个山洞。洞里有房屋、厅堂、踏级、池塘、树木和其他珍奇稀有的东西，它们都处理得素净淡雅。夏天，山洞里有凉气，人们到那里去躲避炎暑，在里面读书和宴会。山洞像迷宫一样曲折，更增加了它的风韵。花园不大，各处玩一遍只要两三个钟头，然后就从另一个门出来了。"

这一以西方人视角来游赏中国古典园林，还仅是看个热闹，但是当我们发现这座花园的假山山洞里竟然有房屋、厅堂、池塘、树木这些，真是让人惊诧不已。这是怎样的体量规模的假山啊？至少从今天现存的中国古典私家园林里，甚至是皇家园林颐和园、避暑山庄里，都已经无法再看见假山里面藏厅堂这样的恢宏神奇、富可敌国！

我们再来看看晚明遗民张岱笔下奢靡无比的"包涵楼"：

"西湖之船有楼，实包副使涵所创为之。大小三号：头号置歌筵，储歌童；次载书画；再次侍美人。涵老以声伎非侍妾比，仿石季伦、宋子京家法，都令见客。常靓妆走马，媻姗勃窣，穿柳过之，以为笑乐。明槛绮疏，曼讴其下，撒簾弹筝，声如莺试。客至，则歌童演剧，队舞鼓吹，无不绝伦。乘兴一出，住必浃旬，观者相逐，问其所止。南园在雷峰塔下，北园在飞来峰下。两地皆石薮，积牒磊砢，无非奇峭。但亦借作溪涧桥梁，不于山上叠山，大有文理。大厅以拱斗抬梁，偷其中间四柱，队舞狮子甚畅。北园作八卦房，园亭如规，分作八格，形如扇面。当其狭处，横亘一床，帐前后开合，下里帐则床向外，下外帐则床向内。涵老据其中，肩上开明窗，焚香倚枕，则八床面面皆出。穷奢极欲，老于西湖者二十年。金谷、郿坞，着一毫寒俭不得，索性繁华到底，亦杭州人所谓"左右是左右"也。西湖大家何所不有，西子有时亦贮金星。咄咄书空，则穷措大耳。"

这段张岱对杭州西湖生活的回忆中，只见士大夫包涵所拥有楼船三艘，常年浮游西湖，往来于雷峰塔下的南园和飞来峰下的北园之间，这两处园林是包涵所的不动产。在宴饮中游赏，游赏中宴饮，湖面上曼妙浮动的歌童、书画、美人；在八床上赏景，从园石后窥床，园中奇峭叠石簇拥八卦房的奇巧床榻，主人选择"穷奢极欲、繁华到底"终老于此已有二十年了，却随着明亡，一切都"咄咄书空、穷措大耳"，浮华与绝望仅是转瞬间。或许，这更是一种浮华之时已入绝望，绝望之际梦寄浮华吧！

美国学者林达·约翰逊在《帝国晚期的江南城市》中研究15世纪后半期的中国第一大商业都市苏州时指出，由于宫廷奢侈的风气影响到民间，苏州生产的高档产品的需求随之扩大。这一刺激迅速传遍了整个生产领域，并且激发了苏州经济的空前繁荣，这种繁荣不仅使外来的游客（如利玛窦等一行）感到惊讶，而且连本地人也认为是史无前例的。

苏杭两地的奢靡也直接推动了晚明文士热衷游赏山水、园林的娱乐化生活。学者俞香云对此有过考察：屠隆罢官后，遨游吴越间，啸傲赋诗，晚年出盱江，登武夷，穷八闽之胜。陈继儒自称："闭门阅佛书，开门接佳客，出门寻山水，此人生三乐"，认为大自然的景观使人心胸开阔，忘却烦恼，甚至说"每欲救断家事，一了名山之缘"。袁中道自称"人皆有一癖，我癖在冶游"。钟惺曾引述其师雷何思的话，说："人生第一乐是朋友，第二乐是山水。"在居丧期间仍游山玩水。邹迪光谈到自己的喜好时说："余故孱弱，少所济胜，不能游，而独好游。"宋懋澄有山水之癖。称自己是"宜山宜水一道人"，"平生雅好游，兴之所至，辄竟千里，虽于陆风雨，于水波涛。靡间昼夜"。王思任曾说自己"爱山水，怕官府"，一生游历过桐庐、山阴、兴平(陕西)、当涂

苏州拙政园：绿漪亭

古典空间里的欲望困境

（安徽）、扬州、南京、杭州、太原、镇江、青浦、苏州、诸暨、松江、江州等多个地方。张岱自述生平，"余少爱嬉游，名山恣探讨"，并叙述了与友人结社游山时的乐趣，"幸生胜地鞋鞭，间饶有山川；喜作闲人，酒席间只谈风月。野航恰受，不逾两三；便楫随行，各携一二。僧上凫下，筋止茗生。谈笑杂以诙谐，陶写赖此丝竹。兴来即出，可趁樵风；日暮辄归，不因剡雪"。李流芳罢官后，遍游了吴、越、齐、鲁诸名山。晚明文人黄省曾，自号"五岳山人"，嘉靖十七年(1538年)进京应科考时，正巧碰到友人田汝成谈到西湖之胜，黄省曾便激动地去游览数日不应考。田汝成便戏之曰："子诚山人也！癖耽山水，不顾功名，可谓山兴。"远游和向往游历是晚明江南文化圈的时尚，甚至文士们对游历山水已经产生超出身体力行的实际经验，催生出一种混合了历史、文化、哲学乃至宗教思想的精神体验，使他们从追求外向空间转入内向空间，"神游"成为又一种可能。

而"凡家累千金，垣屋稍治，必欲营治一园。若士大夫之家，其力稍赢，尤以此相胜"，则成为彼时士大夫文人大兴私家园林的一种盛况，仅晚明苏州城内，园主们倾心打造的园林宅第多近三百处，它们既是居所，也是宴饮游赏的雅集之地，更是"神游"的再造空间。在俞香云看来，这里的一花一木，一石一泉都被赋予文人气息和文人理念，"采芳径"是赏花之所，"文鱼榭"则是观鱼之处，"香雪廊"就是赏雪之地，"尚友轩"则为吟诗联句之场所……明正德、嘉靖年间，文士姚涑便是一位雅集的发烧友，他字秋涧，一表人才，性情跌宕喜好结交朋友，家境殷实又孜孜好学，嗜好古风而游笔翰墨，还喜欢游历山水。后来他定居南京秦淮河一带，辟地为园，筑有燠馆、凉台，以回塘曲栏环绕，水竹之盛，甲冠全城。四方士人一时闻风而来，纷纷造访并下榻姚园。其他如顾璘的息园、李攀龙的白雪楼、王世贞的弇山园、袁宏道的卷雪楼、徐咸的余春园、郑元勋的影园、徐懋学的不亩园、朱应登的章园、米万钟的湛园、钟惺的俞园等，都成为晚明雅集游赏活动的著名园林。

那么从自然山水转入人工园林曾带给晚明士人和今天的我们怎样的一种空间体验呢？

苏州拙政园：从留听阁看卅六鸳鸯馆

当代美国学者郝大维、安乐哲在向西方人介绍中国古典园林时说："人们不可以把中国园林视为形式（柏拉图）或机能（亚里斯多德）的模仿，也不应当认为它是带有西方浪漫主义的对自然的转化，当然它也不能被视为西方弗洛伊德式美学家们所认为的对自然的升华。如果我们要做什么简洁明确的主张的话，我们能说的最好方式是：既然在中国人主导思维方式中缺乏自然和人工之间的强烈差别，作为艺术作品的园林的营造所涉及的是对自然的教化。这种教化或培育保持着自然和人工之间的连续性。"

郝、安二人还认为，这种连续性就是不将时间和物体分开，允许无物体的时间与无时间的物体之间的转化。进一步而言，对构成园林的传统场景和暗指要素的欣赏，需要记忆的建设性运用。一些园林其实就是"记忆的安排"，就如同它们是（自然山水中）植物、山石、亭榭、水池、祠庵的安排一样。笔者认为，这所谓的"记忆的安排"正是自然与人工的连续，这种连续不是自然的再现，而是"虽由人作、宛自天开"，园林对自然展现出一种似是而非的真，从而喻意一种似是而非的美，这似是而非的真与美就是园林主人将自己对自然的理解、记忆转化为一种私人的内向空间。当今天的游人漫步在古典园林里，能充分地感觉到我们与三百多年前的古人一样踏入了那一站接一站，随峰回，随路转的结构空间，它没有终极的指向和目的，是漫游式的。空间中的众多事物互相借读，互为中介媒体，不断分岔而后时常偶遇，往复无尽。而无物体的时间或无时间的物体，与空间中的时间连续或时间中的空间连续互为镜像，共同塑造了中国古典空间里的游赏情境。

苏州拙政园：凌波曲廊和与谁同坐轩

（明）张复：小祇园图（初稿）

我们先来看看中晚明时期名士王世贞的弇山园。

明嘉靖四十五年（1566年），大文豪王世贞在家乡太仓城边隆福寺西，建了一座园子，名"小祇园"，又名"小祇林"、"弇山园"，遂成为名噪一时的东南名园。从王世贞在《弇山园记》的描述："园中土石得十之四，水三之，室庐二之，竹树一之"可知，全园以山石为骨来布局架构山水、建筑、路径、树植。全园共分为六区，规模宏大，分别是小祇园区、弇山堂区、西弇、中弇、东弇和北区。

明万历二年（1574年）二月，王世贞从太仓乘舟去往京城赴任，邀好友钱穀同行。钱穀从小祇园（弇山园）为起点，陪伴王世贞至扬州，画了不少沿途景色。因身体健康欠佳，钱穀没有继续同行，后面的行程，由弟子张复继续陪伴王世贞北上，边行边画，以通州为终点。张复先作初稿，再交给老师钱

（明）钱穀：小祇园图（设色）

穀加以点染润色。《纪行图》册完整而详略得当地记录了王世贞的行程，一
共有3册，多达八十四页，其中的《小祇园图》是《纪行图》册的首页，也
是此次行程的起点，此图是一幅对景写生之作，采用俯瞰的视角描绘园林景
色，围墙、建筑、假山、溪池和林木都尽显眼底，前后景致无遮挡，可使观
者一览无遗。学者朱彦霖结合《弇山园记》和小祇园平面复原图，描述了小
祇园区、弇山堂区、西弇、中弇及北区的部分建筑与景色：画面从南部的园
门开始，入门后是一条花径"惹香径"，花径尽头是一道垣墙，略向东转为大
片竹林，正中有门屋，门匾题为"小祇林"。门屋南面庭院中，用竹篱围成两
区，右前方种植柑橘，名"楚颂"，左前方圈养鸟雀，名"清音栅"。继续向
北，有一石桥曰"梵生桥"，桥上二人正欲前往小祇园区的主体建筑"藏经
阁"。阁东为小轩"会心处"，阁西为"鹿室"，里面养着小鹿。小祇园区西面
为弇山堂区，穿过惹香径的门洞，过知津桥，入一门屋"城市山林"，一人正
走向北边的"弇山堂"。堂前庭院为含桃坞，也用竹篱围成两片。弇山堂后为

方形的芙蓉池，池水从西北角流出，绕着东边的琼瑶坞北去。琼瑶坞西对岸有两座饱山亭，是欣赏西弇景色的最佳位置。跨过琼瑶坞北的石桥，便到达西弇。钱穀图中的西弇山，下部用巨石堆成基础山体，上置奇峰怪石，东西绵延。山间还凿有一条小涧，溪水潺潺。山石西边有两座建筑，为缥缈楼和大观台，并肩立于高处；东边藏在山间的是环玉亭。从环玉亭下来便到了西弇边缘，西弇与中弇之间隔着宽宽的河面，河上架有木桥，名月波桥，桥上建有一座小亭，供人休息。轻风拂过，河面漾起微波。走过月波桥便到中弇，山石比西弇小，北边藏在山后的为壶公楼，南边是徙倚亭，东边是梵音阁。画面上方是弇山园北区，此时只建成一座文漪堂。钱穀绘此图时，东弇尚未建造，所以图右画到中弇便戛然而止。

园主王世贞沉浸于自己一手造就的名园，但心中的形而上高地还是文学艺术，弇山园的目的就是要造就这样一座高地。他在《艺苑卮言》中总结文学、书法、绘画的地位："画力可五百年至八百年而神去，千年绝矣。书力可八百年至千年而神去，千二百年绝矣。唯于文章更万古而长新，书画可临可摹，文至临摹则丑矣。书画有体，文无体；书画无用，文有用，体故易见，用故无穷。"后世所谓园林艺术高妙的一个名句"绘案头之山水，作地上之文章"用于弇山园，正是王世贞将书画、文章与园林一气呵成的一种营心造境吧。

苏州拙政园：芙蓉榭

接下来又到了晚明，让我们再随张岱一起盘桓流连于江南的山水、园林，去读取又一种空间情境。

明天启壬戌年六月二十四日（1622年），张岱来到苏州，看见男男女女倾城而出，涌向葑门外的荷花宕，那里的楼船画舫大船与鱼形的小舟早就被雇觅一空，远道而来的游客竟然有手持数万钱却雇不到舟船的，只能像蚂蚁一般拥挤在岸边翘首观望。张岱从老家绍兴出发，自备舟船往返于杭州、苏州、南京一带，于是他也赶热闹乘舟前往荷花宕一探究竟（笔者按：这荷花宕应是十几年前的葑门外黄天荡一带，但今日已为房地产项目所填覆，无迹可觅。），只见荡中已被大船为经，小船为纬所填，那些游乐的帅哥们在往来如梭的船上鼓吹喧闹，船上的美女们都是画靓妆、穿薄纱，摩肩接踵簇拥在一起，香汗都湿透了重纱。舟楫拥挤一堆，鼓吹混响一气，男女混杂之浑浊堪称盛况非凡、靡沸终日。平日里，这里罕有人至，没啥人气，但是每逢这一天，苏

苏州拙政园：芙蓉榭前荷塘

州城的男男女女们却以没能来此处赶时尚为耻。吴县县令袁宏道都曾来赶热
闹，还大发感叹："其男女之杂，灿烂之景，不可名状。大约露帏则千花竞笑，
举袂则乱云出峡，挥扇则星流月映，闻歌则雷辊涛趋。"于是后来的张岱将之
与虎丘中秋夜男女们在黑乎乎中模糊躲闪相比，此大白天的荷花宕，肉身挤
动、人心骚动真是明白昭著，大呼那虎丘虽为名胜也只能徒留遗恨啦！于是，
男女之大防，在这一天的苏州狂欢节决堤了。

又一年冬天，张岱带一只竹制背篼和一个仆人游南京栖霞山，并在山中留宿
三日。栖霞山的山形结构上下左右是鳞次栉比，岩石上刻满了佛像，与杭州
的飞来峰一样，崇拜偶像要以割罚自然为代价，实为张岱所恨。山顶怪石高
峻，灌木苍郁，有一位颠僧住在那里。张岱与他交谈，感觉他的话荒诞有奇
理，可惜没有深究追问，于是在傍晚登上山顶，痴痴地坐在石头上观霞。随
后走到佛庵后面，俯瞰长江上的帆影，只见老鹳河、黄天荡（笔者按：此处
为韩世忠抗金之地）出于山麓之下，正悄然有感山河之辽阔，有一游客转悠
到身前，注视着他。张岱觉得奇怪就主动上前作揖打招呼，才知道是萧伯玉
先生。于是两人坐下畅谈起来，庵僧还送来茶水。萧先生又问及普陀山，张

岱正好这年去过普陀山，于是告诉他一些详情，包括所撰《补陀志》刚才脱稿，并从行李箱中取出示他，萧先生一见大喜过望，并为此书作序。然后两人生火下山，住在一起，彻夜长谈。第二天萧先生还觉意犹未尽，又强行留下张岱一宿。

记录一次知音的相遇、相待，将山河光阴与缘遇畅怀脉脉地交织，张岱正是那种"连续性"的织造高手。

苏州五峰园：五峰石

晚明的虎丘，从来都是苏州场所的高潮，尤其是每逢中秋之夜。这一天鳞集于虎丘的万众有本地人与新苏州人，士大夫与眷属，歌姬、妓女与戏婆，戏曲说书与杂耍艺人，民间良家少妇与闺女，小孩与女婢书童，流氓恶少与清客帮闲人等。他们从生公台、千人石、鹅涧、剑池、申文定祠下至试剑石、一二山门，坐满了铺地的毡席，登高俯览这一盛大场景，可谓雁落平沙、霞铺江上。天色暗下，圆月升起，鼓吹从百十处声起，大吹大擂中，《十番》、《渔阳掺》等古曲动地翻天、雷轰鼎沸，人们的呼叫声都被震压得听不见了。初更时分，鼓声、铙钹声渐歇，丝竹管乐开始繁兴，同时伴有歌唱"锦帆开，澄湖万倾"的同场大曲，嘹亮的肉声嗓音使人难辨乐曲的拍煞。二更时分，人渐散去，士大夫携眷属都下到船里开始嬉水，船上的宴席也随着类似今日之卡拉OK的高歌开始了，南腔北调，管弦迭奏，其间杂着乐评人的点评点赞，简直就是一个晚明版的"中国好声音"。在两声鼓后，人们安静下来，管弦闭音了，洞箫一缕哀涩清绵。三声鼓后，一轮圆月挂在空中，气氛肃静，人们都不出声了，蚊虻四处飞动。忽然，一人登场，高坐石上，既不吹箫也不拍

苏州五峰园：五峰池与柳毅亭

打乐器，放声嘹歌，声音如丝帛一般裂石穿云，吐字抑扬中一板一眼，听者一下子就沉入了这细微深处，心潮澎湃却又不敢拍打节奏，唯有不住点头默契。这个时候，列坐的观众还有百十人，秩序井然。也来赶场子的张岱感叹道，若不是在苏州，怎能找到如此的知音！

有一天张岱去造访苏州天平山下范长白先生的宅园，只见这里万石兀立，簇拥着这园子，紧邻范仲淹墓。园外有长堤，桃李掩映着曲桥，曲桥像蛇形湖面，尽头直抵园门。园门故意做的很低小，进门则是长廊复壁一直通往山麓。园内的楼台以彩绘装饰，亭阁则是幔帐做成，还有曲廊掩蔽的密室，这些都故意隐匿得不让人直接看到。天平山的左边为桃源，白云泉从峭壁上回湍而下，片片桃花在泉水上荡漾飞扬。右边是孤山，种梅千树。迈过泉涧可达小兰亭，这里茂林修竹、曲水流觞就像王羲之当时的雅集布局，样样有之。这里的竹子大如椽子，明静娟洁，被打磨得有如扇骨一样的滑润光泽，却是王羲之的兰亭所不具备的。张岱描述道："地必古迹，名必古人，这就是园主的学问雅趣啊。但见桃则溪之、梅则屿之、竹则林之，尽可自己来命名宅园诗意地栖居，无需寄人篱下啦。我到达时，园主出门来迎见，他是与我祖父同年登科进士，不过长相挺奇丑的。在脱下布衣换上官服的那天，我祖父曾开玩笑地对他说，所谓丑不冠带，而范兄您却颠覆了这句成语，成为冠带之仕了。大家都传笑开来，因此缘故我非常想见他一面。园主出来了，果然状貌奇特，就像羊肚石雕成的一个小猿猴。他的鼻子发白，颧骨与下巴更像是残缺错位一般丑陋，但衣冠鞋履精致洁净，这倒不像是容易让人笑话的气质。随后主人邀我在厅堂内小饮，那些镂空花格的窗户，色彩艳丽的窗帷都使这里极尽华丽之能事。又闻似从隐秘的阁楼传来清唱，丝竹之音忽从层墙之外飘荡而来，想必是有女乐在隔空助兴吧！饮罢，我们又移席小兰亭，等到很晚我才告辞。主人还是要我随意点，留下来坐看'少焉'。我没弄明白是啥意思。他解释说他的老家有位缙绅喜欢调文袋，以《赤壁赋》有'少焉月出于东山之上'的句子，因此，称月亮为少焉。就这样我被强留下看月，这月光下的园子景色果然美妙。园主还说：'四方来客都没有看到过小园的雪景，山石深幽处泉水似银涛飞起，都可以掀翻五泄，捣碎龙湫，这世上如此壮美的景观，可惜你没有亲见啊！'我踏着月光下的脚步而出，辞别了园主，夜宿在葆生叔的书画舫中。"

一个丑老汉与一座美园子，天然的不足有时反而能激发人工的造化。

苏州拙政园：归田园居景观

苏州五峰园：树植掩映建筑

苏州沧浪亭：从入口门厅看宋式假山

古典空间里的欲望困境

一叶扁舟酹酒、半轮明月同行，从苏州又到瓜州，张岱这次造访的是镇江的于园。这座园子好有身价，若不递上显赫人物的名片，富豪园主于五先生是不让入其门的。由于葆生叔是到任镇江的地方官，园主方才款待殷勤。这座园子最称奇的就是叠石。前堂的石坡就高达两丈，上植果子松数棵，攀缘着石坡遍植牡丹、芍药，使人无法顺坡而上，这是以空间的充实为奇。后厅临着一个大池子，池中奇峰绝壑，陡上陡下，人竟然能够从池底下走过，仰视池中莲花，感觉奇峰莲花都在天上，这是以空间的虚空为奇。卧室的门槛外，有一山壑像螺蛳缠绕式旋转倒挂，这是以空间的幽邃为奇。再后面有一水阁，长如小艇般跨越小河，四周围灌木蒙丛，禽鸟啾唧，就像进入了深山茂林，坐在其中，顿觉身心放松，如在碧荫里。镇江的诸多园林都以假山著称，脱胎于原石，孕思于叠石高手，琢磨搜剔于深谙阴阳美学的园主们，这才造就了这些园林可称无憾了。仪征县的汪园，造假山的花费高达四五万钱，主人所最得意的手笔就是一个"飞来峰"，却是阴翳幽暗又山径泥泞遭人唾骂。张岱见到遗弃在汪园地上有一白石，高一丈、阔二丈，显得有点痴呆，实乃痴之妙；另有一黑石，阔八尺、高一丈五，显得有点瘦条，实乃瘦之妙。他感慨道，得此二石足矣，完全可以省下二三万钱去搜寻与此二石互相生长的配石来叠山，与二石长相厮守，难道不好吗？

这土豪汪某筑园就冲着孤峰怪石以抬身价，却根本不懂痴与瘦的造型之妙，更别提那种"连续性"之美了。同样是富豪，于五先生至少整出的叠石景观堪称彼时的奇葩秀，那就无憾于江南了！

苏州五峰园：五峰石

苏州五峰园：柱石舫与曲廊

苏州五峰园：柱石舫室内1

苏州五峰园：柱石舫室内2

再将视线转入晚明杭州士绅陈昌锡主持刊刻的《湖山胜概》图册，一窥古人在西湖吴山的游赏。这套图册是法国人Lièvre先生于20世纪初在中国购得，1943年卖给法国国家图书馆，是全世界现存的孤本。尽管中国国家图书馆也藏有一部明代彩色套印图册《湖山胜概》，但据学者考证，后者为当时坊间对前者的盗版，印工粗糙、缺少钤盖印章、书法摹刻亦十分粗劣。晚明的杭州山水游历最终呈现给巴黎人的现代观读，笔者也利用一下这流落海外的视觉文献，来读取一下这古典空间里的游赏：

现仅就其中一幅《海会祷雨》来看，明万历年间一度的干旱竟让杭州这样枕着西湖的城市都有些焦虑了，却又引发了士绅淑女、才子佳人、贩夫走卒们都赶赴西湖吴山，以游山祈雨为一桩盛事。而画名有"海会"二字，应与佛教术语有关，即喻德深如海，圣众会聚之多，所以叫做"海会"。只见山脚下苍松掩映处有六人，着黄衣者为僧侣二人正引导着蓝衣的四人上山，其中的一位头戴纱帽者走在最前面，被两位僧侣前呼后拥，此人应是四人中地位最高的。此时山道左侧有一驿室，里面有两位女眷正望向窗外的山道，她俩其实并不在意这一行六人，而是被山腰磴道上的鸣锣声吸引。只见一人当先高举祈雨幡，一鸣锣老汉紧随其后，三步之后，出现了舞龙的三人，鸣锣老汉也是手舞足蹈，幡飞引着龙腾，好是热闹。往上不远处已有两位士人摩肩相依在石壁下，一人右手搭着另一位的右肩，屏息观望这迎面而来的祈雨仪仗。但显然，在这些从山脚到山腰的民间队伍之前，祈雨的代表人物一位仕人已经在寺庙内的大殿前行祭祀之礼了！称其为仕人可从对他的冠带以及左边跪拜陪侍的僧人来推断，其人一般应为杭州的地方官之类的人物。另见两位随从侍立其身后，而右边则有一僧侣手举托盘引导前来供奉祭祀品的人。

（晚明）陈昌锡：《湖山胜概》之海会祷雨

这次祈雨在吴山既是重要的祭祀盛会，又是全城人众的山水游赏，建筑、山石、树植、湖山皆为游人的胜概。这样的画册，据说是彼时为文士们流行的"卧游"提供的，它不严苛于完全真实场景的再现，而是显现了绘者对这些游赏活动给予主观的布局。于是，从上中下，前中后的建筑布局看，各处建筑通过曲折磴道和人行队伍连接，山掩树映中，巉岩壑壁、林木风华。前景中，建筑从山脚下的驿室经由山腰的山门至山上的大殿，形制等级逐渐提高；远景中，又有高低错落三座建筑以曲折磴道连接，却空无一人。这样的前动后静的画面结构强化了场景的主题，从而使不在场的"卧游"既能向往自然，又离不开人，因为他们深信海会方能祈雨，深信祈雨就是自然一定会回应人工。果真如此吗？

（晚明）陈昌锡：《湖山胜概》（局部）

（晚明）陈昌锡：《湖山胜概》（局部）

（晚明）陈昌锡：《湖山胜概》（局部）

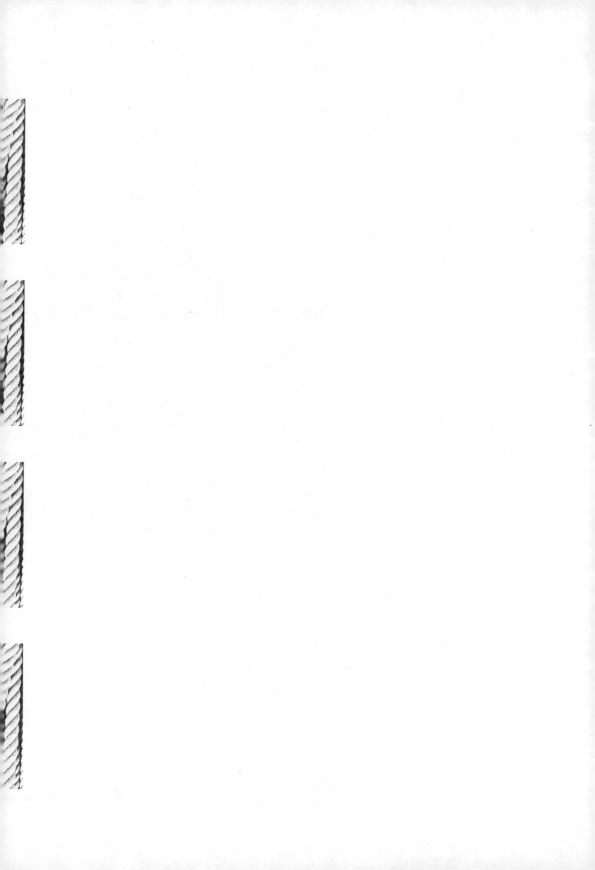

情色

erotic and sexual culture

人类有99%的决定，包括配偶、事业和住处的重要抉择，都是由各种进化而成的算法来处理，我们把这些算法称为感觉、情感和欲望。

——（以色列）尤瓦尔 赫拉利

晚明著名文人顾炎武的《肇域志》评价江南地区之富，曾有言："（新安）勤俭甲天下，故富亦甲天下。贾人娶妇数月，则出外或数十年，至有父子邂逅而不相识者。"这样看来，这些商贾之人在这外出的数十年里，是如何面对情色的？是随行带着小妾，是各地勾栏妓院的VIP，还是行囊中揣着《金瓶梅》、《玉蒲团》、《痴婆子传》这样的情色小说聊以自慰？笔者感兴趣的也是这个商贾与士人力求合流的时代，这些情色对于他们是怎样展开的？

先说情色小说绘画，晚明堪称中国性史上的巅峰时代，这也是一个繁盛与淫靡互为表里的时代，一个商品、人欲试图挑战专制、礼教的前现代。难怪时人袁黄作为著名"功过格"的道德家曾提出严厉的谴责："毁一部淫书版，三百功。造一部戒淫书，百功。蓄戏子妓女俊仆在家，致启邪淫，一日为十过。纵妻女听弹淫词，一次三十过。蓄淫书淫画，一日为十过。作淫书，写淫画，流传天下后世，坏男女心术节操，无量过。卖淫书淫画及春药射利，俱无量过。"按照这个标准，那些传世名家赵孟頫、唐寅、仇英、兰陵笑笑生、李渔之流，当是无量过了。但也正是有了这些名家之作的流传，才得以令我等一窥彼时古典空间里的情色，这对于后人的性学、史学、文学、艺术学等领域的研究，或可称为无量得吧！

再来说说勾栏妓院，晚明时期的南都南京、一二等风流富贵的苏、杭这些大都市的风尘行业达到怎样的规模，学者们都有过各种考证研究，笔者于此不多费笔墨，不过，著名的加拿大汉学家卜正民在《纵乐的困惑：明代的商业与文化》一书中屡次谈及的晚明遗民张岱再次进入我们的视野。他说："张岱是我们了解明王朝最后几十年杭州动荡岁月的最好向导之一，他写于明朝覆亡后的冠之以'梦'的著作中满是被痛苦的失落感强化了的，或者可以说扭曲了的回忆。他认识到他生活其中的晚明的皇亲国戚、高官同僚、僧侣文豪以及名妓的上流社会已经一去不复返了，只存在于他的记忆中。"

正是凭藉这种记忆，为我们再现了那个繁盛与淫靡、欲望与专制的时代场景，这些场景将快感中的绝望，绝望中的快感，最后都化作"仰俯之间，已为陈迹"的回忆，而这些回忆这也成就了一个人最后的生命价值所托。让我们截取一个个小场景，先来看看在这位妓院VIP大咖张岱记述的一位风尘女子王月生的小传奇："南京朱市妓，曲中羞与为伍，王月生出朱市，曲中上下三十年决无其比也。面色如建兰初开，楚楚文弱，纤趾一牙，如出水红菱，矜贵寡言笑，女兄弟闲客多方狡狯嘲弄咍侮，不能勾其一粲。善楷书，画兰竹水仙，亦解吴歌，不易出口。南京勋戚大老力致之，亦不能竟一席。富商权胥得其主席半晌，先一日送书帕，非十金则五金，不敢亵订。与合卺，非下聘一二月前，则终岁不得也。好茶，善闵老子，虽大风雨、大宴会，必至老子家啜茶数壶始去。所交有当意者，亦期与老子家会。一日，老子邻居有大贾，集曲中妓十数人，群谇嘻笑，环坐纵饮。月生立露台上，倚徙栏楯，眠娗羞涩，群婢见之皆气夺，徙他室避之。月生寒淡如孤梅冷月，含冰傲霜，不喜与俗子交接；或时对面同坐起，若无睹者。有公子狎之，同寝食者半月，不得其一言。一日口嗫嚅动，闲客惊喜，走报公子曰：'月生开言矣！'哄然以为祥瑞，急走伺之，面赪，寻又止，公子力请再三，謇涩出二字曰：'家去'。"

晚明朱市这样的古典空间里，张岱的笔下，謇涩空绝的一声回响，只见浮华尽头，冷月藏心。

话题回到"随行带着小妾"这一可能性，笔者认为，这个基本上是某些现代人的情色幻想，很少在古代的陆路长途颠簸旅行中实现，除了那些全家发配、流放的被迫迁徙。当然古人利用运河等水路上的舟船之便，携妾蓄妓一路同行倒是有几分可行。譬如文人张岱就自备私家航船，往返于南京、苏州、杭州之间，正因这种交通方式的便利性，不可能出现"则出外或数十年，至有父子邂逅而不相识者"这样的情况。传教士利玛窦曾描述了彼时中国人的妻妾观："聘礼的仪式和庆祝也非常之多，这些人通常很小就结婚，他们不喜欢结婚对方的年龄相差太大。婚约由双方的父母包办，虽然有时也会征求他们的意见，但不一定要征得结婚当事人的同意。上流社会的人家只有门当户对才算名正言顺。所有的男人都可以自由纳妾，但对妾的选择却不问社会地位和财产，唯一的标准是她们的姿色。买妾也许要破费上百两黄金，但有时也

苏州留园：绿荫轩、明瑟楼与湖池

苏州留园：冠云峰

苏州留园：断霞峰

苏州艺圃：草香居

相当便宜。在较低的社会阶层里，人们只要愿意，尽可以用银子来买卖妻子。王（皇帝）和王子们只看她们是否漂亮，而不问其血统是否高贵。贵族女子并不渴望嫁给王，因为王的嫔妃并无特殊的社会地位，且被关在深宫之中，再也见不到自己的家人。况且，从嫔妃中选择正式配偶，是由专职的官员负责，在众多候选人中，很少有人能够入选。"有关小妾，接着来看看张岱的一篇《扬州瘦马》小场景：

苏州艺圃：博雅堂

每天靠贩卖瘦马为生的扬州人有几十上百人，瘦马是指那些被贩卖为妾、妓的女子的代称。要想纳妾的人切勿轻易透露意图，否则稍有消息，媒婆、捐客们就会聚集门下，就像苍蝇盯上肉膻味，赶也赶不走。一大早，最先到的媒婆就会催促纳妾的相公出门，挟拉着他走在前头，其他的媒人尾随其后。到达瘦马家，刚一坐定上茶，媒婆就扶着女子出来喊道：姑娘拜客！于是女

子就下拜。又喊：姑娘往上走！于是女子往前走近一步。又喊：姑娘转身！
于是女子转身向明亮的地方站立。又喊：姑娘伸手出来瞧瞧！于是女子的衣
袖被高高揭起，手出、臂出、肌肤也露出了。又喊：姑娘看一眼相公！于是
女子转眼偷觑过来，眉眼也露出了。又喊：姑娘几岁了？于是女子答几岁，
声音也出了。又喊：姑娘再走走！并以手拉扯女子的裙子。于是女子的脚也

苏州艺圃：南斋

露出了。不过看脚是有门道的，凡女子迈出门时裙幅先响者，脚一定是大的；

若女子高系其裙，人未出而脚先出者，一定是小脚。又喊：姑娘请回！于是

该女子返回内室，又一女子出来见客。这样地看一家必不少于五六位女子。

看中者，相公用金簪或金钗插入女子的鬟发，叫做"插带"；这家的若都看不

中，相公出钱数百文赏给媒婆或这家的女仆，再去看其他家。若这媒婆觉得

累倦了，则马上有其他几个媒婆接踵而上提供服务。就这样一天、两天乃至四五天，似乎不觉疲倦也不觉穷尽，但毕竟等看到第五六十人时，就有点白面红衫、千篇一律，就像学写字的人，一个字写到百遍千遍，连此字都会不认识了，相公此时的心意和眼见已经无法综合判断了，不得不聊且迁就，定其一人吧！于是，"插带"后，女子家出具一份红纸礼单，上书彩缎若干、金花若干、财礼若干、布匹若干，并取出笔墨让相公在礼单上点阅确认。若是相公批认财礼和缎匹如其意，则女子家恭敬地送相公归去。相公尚未归家之时，吹鼓手们、挑夫们已经吹奏齐鸣、红绿羊酒等在他的家门外许久了。不一会儿，财礼钱和糕点瓜果俱齐，吹鼓手引导着相公回家。走出不到半里地，只见花轿花灯、手持的火把、占卜者候相等人、纸烛供果牲醴之类已环伺门前。有一厨子挑一担过来，蔬果、菜肴汤点、花棚糖饼、桌布座垫、酒壶杯筷、龙虎符寿星像、红色帐幔牵扯起来、小唱弦乐拉响起来，这些都毕备了。还未等到相公说出发，花轿和亲送轿就一起出发去迎亲了。鼓乐灯燎中，不一会儿新人轿和亲送轿就都回来了。紧接着，新人拜堂，送亲的家人坐上酒席，宴饮开始，小唱鼓吹声起，好似癫热一般喧闹。日头还未过午时，这帮"非诚勿扰"的剧组就讨赏后马上离去，急往另一纳妾人家，又复如此，开始了下一波的"采编导播"。

苏州艺圃：博雅堂前庭院

苏州艺圃：乳鱼亭

苏州艺圃：窗外之秋

让我们继续追随张岱抵达扬州的二十四桥明月夜，只见中国史上第一条运河即吴王夫差开辟的邗沟尚存其意境，就在眼前。放舟渡过钞关，再过半里多，就见到九条巷。而周旋联通这九条巷子的支弄则有一百多条。这些巷口很狭窄，巷道如曲肠，其寸寸节节之处是精美的密室，名妓、歪妓就杂处其间。名妓是隐匿不见人的，非得向导引见才行；歪妓，也就是那些姿色稍差、少才艺的妓女，则多达五六百人，每日傍晚，膏沐熏烧、打扮完毕就走出来，倚靠徘徊在茶馆酒肆门前，阵容甚为盘礴壮观，这叫"站关"。茶馆酒肆在岸上高挑纱灯百盏，诸歪妓的身影掩映闪灭于其间，若脸上有伤疤和有疫病的就用帘布遮掩着，若是大脚的就不出门槛。在昏黄恍惚的灯光与晦明晦暗的月光下，她们在张岱看来是"人无正色"，其中所谓"一白能遮百丑"，扑粉

的效果罢了。此时，往来游客如梭，有大眼圆睁的，有偷偷一瞥的，若看中了，就走近前牵着带走。妓女也恭敬地请客人先行，自己缓步尾随。走至巷口，有侦查兼通信的伙计就高喊："某姐有客啦！"于是，巷内应声如雷。然后，有人持火把出来。等大部分人都跟走了，剩下的歪妓不过二三十人。夜深了，灯烛将烬，茶馆里黑乎乎的已没有人声。茶馆不好意思请她们走人，只能连打哈欠，而诸妓凑钱向茶馆买些烧得仅剩寸许的蜡烛，期待着还会有迟来的客人。或者娇声唱起《擘破玉》等小词曲，或自相戏谑放浪嬉笑，故作热闹，以让人感觉时辰尚不为晚。然而，笑声渐渐哑哑中带着凄楚，毕竟已是子夜时分，她们只能像鬼一样的悄然回去，见着老鸨，是受饿了，还是受到鞭笞了，都不可而知了。张岱的族弟卓如是美髯公，好声色，每到钞关

苏州艺圃：地上明月光

必要狎妓，还笑着说："弟今日之乐，不输于王公。"张岱问："为什么这么说？"他回答："王公大人侍妾数百，到晚上，她们都深切专致地等待着主人的宠幸，而被同房的不过一人。而弟过钞关，美人数百，目挑心招，她们视我为潘安，我可以颐指气使，任意挑选，一定要选到一位得我意的美人来服侍我，王公大人岂有几人能胜过我的？"说罢大笑，张岱也跟着大笑起来。

张岱把那著名的杜牧"二十四桥明月夜，玉人何处教吹箫"诗意，镜像为钞关九巷风月场中的肉色、声色、情色的速写。族弟的一席话，更像是一种凯旋式的塌陷。想必两人的大笑是充满歧义的，前者若是十足得意，后者则是对这种得意的一种绝望式狂笑。二十四桥的明月在大笑狂笑的两个波纹中扭曲荡漾，凯旋与绝望也在晚明的夜空中化作一声刺破黑暗的混响。

再随张岱回到绍兴来一瞥张府里的情境，张岱说，当年东晋谢安不蓄养歌妓
是因为这样容易懈怠放纵，而王羲之则觉得若晚年陶醉在音乐丝竹歌妓上，
恐儿辈也陷进去不能自拔。一个担心懈怠放纵，一个担心不能自拔，古人的
担心是深确的。张家蓄养歌妓是自祖父张汝霖始。祖父于万历年间与范长白、
邹愚公、黄贞父、包涵所诸先生讲究此道，蓄有六个戏班："可餐班"以张彩、
王可餐、何闰、张福寿领衔；"武陵班"以何韵士、傅吉甫、夏青领衔；"梯
仙班"以高眉生、李岕生、马蓝生领衔；"吴郡班"以王畹生、夏汝开、杨啸
声为领衔；"苏小小班"以马小卿、潘小妃领衔；"茂苑班"以李含香、顾岕竹、
应楚烟、杨骙骚领衔。主人们享受歌舞声妓 口精于一日，歌妓们的技艺也
是越演越出奇。我从小至今已过半百，小歌妓也从小变老，再招募的小歌妓
又复变老，这50年间，更替达五轮之多。"可餐"、"武陵"诸人，就像佛家的

三代法物，宝物衰亡后就不可复见了；而"梯仙"、"吴郡"诸人也都成了伛偻老者；"苏小小"诸人也是大半已不在世；"茂苑"中有我的弟弟也作古了，此班其他诸人也另投东家去了。如今我已是白发纷披的老人，若配上波斯人蓝眼睛来看，或许我这形象才能分出个美丑吧。山中人至海上归，那些海中珍品也就留在眼底，与君共养眼吧。

这养眼的海中珍馐就是对那六班声妓的升平回忆，而山中人至海上归，归去已无来兮！

苏州艺圃：小弄之夏

下来我们把视线从江南转向京城：明嘉靖年间举人郑瑄在《昨非庵日纂》里

说，（明朝）某位皇帝的宫里很多宫女都因思春而病怏怏的。御医告诉皇帝，

只需找来数十名青少年当药，即可治愈。皇帝欣然答应。几天后，宫女们个

个喜笑颜开、身体舒展，她们拜谢皇帝，承蒙这些赐药，咱们的病都好了。

而那数十位青少年匍匐在宫女身后，个个面容枯槁、东倒西歪，没法像常人

一样了。皇帝问道："那是什么？"御医答："药渣。"

苏州艺圃：四层空间

苏州双塔罗汉院：正殿遗址石柱

到了明万历年间，内阁首辅张居正的一则情色事迹被时人沈德符记录在《万历野获编》：海狗从山东省登州的海中被捕猎后，可制成一剂媚药，叫作"海狗肾"，功效不下于春恤胶，但是假冒伪劣产品充斥市场，很难买到真品。要想验真伪，有一方法就是牵一条母狗伏在它上面，原本枯干皱瘪的海狗阳具如能挺举，才是真货。张居正晚年蓄养了很多姬妾，就像老茶壶一个，配了一大堆新茶杯，没法一一续杯了。为了对她们公平施泽，他就专门用海狗肾来壮阳。这些海狗肾都是登州文登县人、名将戚继光奉献的。张居正服用后虽有奇效，但导致后来得了热病。在大冬天都戴不住貂帽，满头直冒热气，上朝时，张居正不戴，大家也都不敢戴帽。再后来，张居正竟因此病而一命呜呼。

苏州双塔罗汉院：正殿遗址与双塔

　　以上两个来自《中国文化里的情与色》的小故事，涉及情色的压抑与放纵，无疑这两者付出的代价都是令人惊诧的，甚至是无可挽回的。从张岱的江南到皇宫、首辅之家的京城，民间与皇室官宦在情色上的本能表现是一致的，不同在于，如果说，前者是从情色空间的美学细节而入绝望，后者则是从情色放纵的伤身、夺命而生叹息。

苏州双塔罗汉院：正殿遗址石柱细部

古典名著《金瓶梅》自其诞生以来的400年里，饱受无数非议和推崇。《原本金瓶梅》是晚明天启年间的刻本，其第一回有这样的词句："二八佳人体似酥，腰间仗剑斩愚夫。虽然不见人头落，暗里教君骨髓枯。"但从最早版本明万历四十五年（1617年）《金瓶梅词话》中，我们却未见。这段警示词句在《原本金瓶梅》的开篇，其警世的功效类似今日之北美发达国家将骷髅印在香烟盒上，尽管晚明天启年间的刊印者加上这段警示，但欲望似乎并不买账，名士袁宏道、王世贞、李贽、李渔等人从来就没觉得有啥大惊小怪的，这两个版本甚至一直都受到追捧。

荷兰的汉学家、性学家高罗佩在《中国古代房内考》一书中把明清时期的淫词小说分为"色情小说"（erotic novels）和"淫秽小说"（pornographic novels）。北京大学教授李零是此书的译者，他认为，前者指的是并不以淫猥取乐，而是平心静气状写世情的小说，代表作是《金瓶梅》；后者是专以淫猥取乐，故意寻求性刺激的下流小说，代表作是《肉蒲团》，还有《绣榻野史》、《株林野史》、《邵阳趣史》等。前者具有文学史、社会史等研究价值；后者是欲望过度、极致厌倦的心理表现，艺术形式上也是乏善可陈。此书的"译者前言"还写到："高氏讨论的大前提是咱们中国的一夫多妻制。我们要明白，中国的性传统是在这样的背景下顺利展开。这才是问题的关键。它和西方传统形成强烈的反差。当年，利玛窦到中国传教，沈一贯听说泰西之人家里只

古典空间里的欲望困境

有一个老婆，非常惊讶。他说，遑论其他，光凭这一点，就足以证明，西方的道德太高尚。同样，在西方人的眼里，中国有一夫多妻制，有适应这一套的房中术和家庭伦理，这等事情也非常奇怪。西方的一夫一妻制是怎么来的？为什么旧约时代的大卫王是一夫多妻制，阿拉伯世界是一夫多妻制，中国是，而他们不是，原因在哪里？这些都是基本问题。我们中国人，对自己的传统，表面上很熟悉，一夫多妻，影视表现很多。但这个离我们咫尺之遥的过去，我们已经不太理解。有些男士还以为，妻妾成群，那多快乐呀，根本不知道其中的苦恼。我们既不明白一夫多妻是怎么走的，也不知道一夫一妻是怎么来的，绝不像西方人那么敏感。其实，正是在这个方面，才大有文章可做，高氏给我们的启发才格外突出。"此处所说的"大有文章可做"，应有一种方向是对情色与欲望关系的形而上探讨，这也是本书的主旨之一。

苏州双塔罗汉院：正殿遗址石柱细部

苏州双塔罗汉院：塔身局部　　　　　苏州双塔罗汉院：塔基

苏州双塔罗汉院：塔刹

再回到《金瓶梅》，此书作者署名兰陵笑笑生，经当世及后世人不断考证，有关真实作者先后被"提名"者至少已达十几人：王世贞、李渔、卢楠、薛应旗、赵南星、李贽、徐渭、李开先、冯惟敏、沈德符、贾三晋，而近年不少研究者则比较倾向于认为《金瓶梅》作者为屠隆。屠隆是晚明著名的文学家、戏剧家，万历五年进士，曾官至礼部郎中，为官清正，关心民瘼，后罢官回乡。据称他被罢官就是因过度放浪沉醉于花柳巷所致。而屠隆所在的晚明时期，欧洲人的地理大发现使美洲的梅毒也传播到中国。屠隆在妓院混迹，不幸身染此疾。屠隆的好友汤显祖曾有诗句描述屠隆："雌风病骨因何起，忏悔心随云雨飞"，"非关铅粉药是病，自爱燕支冤作亲"这证明了屠隆的病是"情寄之疡"，即所谓的"花柳病"。而"筋骨段坏"，"关节剧痛"，正是梅毒晚期的特征。风流名士风流病，据说他是首例死于梅毒的中国史上著名文人。一个为官清正，关心民瘼的人，同时也是浪迹花柳巷的人，这在晚明的士人审美中，似乎这才是十足的名士范。

苏州双塔罗汉院：正殿遗址

古 典 空 间 里 的 欲 望 困 境 ● ● ●

苏州双塔罗汉院：石柱细部

苏州双塔罗汉院：石柱细部

苏州双塔罗汉院：正殿遗址石柱局部

图3-1（晚明）唤庄生：《风流绝畅》1

最后，几幅晚明的春宫版画呈现在我们眼前，古典空间里的情色如是展开：

先来看看《风流绝畅》中的两幅，原作为套色版画集，本书选用的是其黑白墨线图，略其色而读其意，当为首要。图3-1传递了以下信息：这幅画应是表现秋天的傍晚，一女子（妻或妾）与相公调情的场景。书桌上的冰裂纹花瓶中有两支菊花，可见是秋天；书桌前孤立烛台烛火，应是在傍晚时分。书桌为有束腰马蹄足条桌，是明代书房常见的款式，桌上置茶杯、花瓶、香炉各一只，相公因久读困倦，抱臂伏案睡着了，双肘压着一部展开的书卷。书卷居于茶杯与花瓶、香炉中间，已似被翻阅了一半。相公座下为牡丹图案瓷质坐墩，背后女子正一手抚摸他的颈背。他俩背后是一座藤制屏风，上裱山水画卷。画卷上有近景山峦、高树，殿宇掩映其后，天上一队大雁凌空渡过，

图3-2（晚明）唤庄生：《风流绝畅》2

远景有山脚、山石临波水面。书桌与屏风左侧为攒边裙板木质栏杆，栏杆外有丛竹摇曳。从这些主要的家具和栏杆围合构成的空间推断，此处不是正式的书房，而应是阁、斋、轩之类的小型半开放式建筑。情色所指应是在这样一个中秋微风的傍晚，相公困倦伏于书桌，似睡意盎然，女子满心笑意，右手抚其背，左手探入他的腰际，似有索求。这故事开始的一瞬间被绘者定格下来，或可题为"挑动云雨"。图3-2题为"云散雨收"，描述的是相公与女子交欢过后的穿衣收拾场景。画面左侧为床榻局部，上覆席垫，结合其右上方的帷帘推断，其形制似攒边装板插屏式架子床。画面右侧为四平面条桌，上置古琴一把，古琴后方的桌面上置两支菊花插瓶和香炉。桌前侧有束腰马蹄足鼓腿圆凳一只。再远处有落地长窗一幅掩映着庭院里的几株翠竹。相公面带温情微笑，赤膊上身，双手执碎花图案长衣正欲披挂给女子。女子此时上身尚赤裸，侧扭腰身，双手正在腰间整理裙束，面露心满意足的微笑。

图3-3（晚明）无名氏：《花营锦阵》1　　　　　图3-4（晚明）无名氏：《花营锦阵》2

图3-3为《花营锦阵》之"翰林风"，题画诗为："南国学士"（诗句略），似为男同性恋场景。画面斜亘一只直足长塌，塌上覆织席一张，右上有书函、画卷各一。塌前有月洞式开光坐墩一只。塌后矗立一人多高的假山一座，掩映其后有树两株，上有垂叶落入画面正上方。从画面后景中的台阶转折看，此处应是庭院空间。图3-4为《花营锦阵》之"扑蝴蝶"，题画诗为："有情痴"（诗句略）。画面左侧为褪衣披挂的圆后背剔红交椅上有一裸女，她略低头，带着微笑的渴求，右侧有一相公全裸正迈向女子。他俩身后是大型山水围屏，其中屏上前景为一礁石，开阔的水面上有小舟一叶；对岸为中景，有山石、树荫下书生、童子二人，只见书生伸手指向高远处，童子抬头追望；远景为高山连绵。以山水相映来衬托此间男女的即将交欢，这是古人情色与景色交融的一种典型诉求。

如果说前两幅《风流绝畅》的情色表达尚具丰富的空间构成叙事与人物的婉转性趣的话，那么后两幅《花营锦阵》的情色表达则是以交欢人体为强烈的视觉焦点，空间构成元素与叙事也较之前者简略，再配以题画诗，更显露骨的欲望。我们从这些同为17世纪早期（明万历年间）的畅销中国大江南北的情色版画，还有从晚明入清的张岱回忆录中看到，商品、人性已经强烈地欲求冲破古典空间里的制度、文化紧箍咒，然而，那古典空间之形而上的观世音手中，还有一个接一个的紧箍咒在等着。

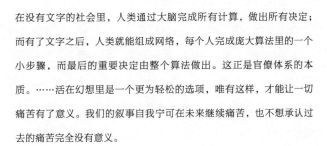

藏书

collection of books

在没有文字的社会里，人类通过大脑完成所有计算，做出所有决定；而有了文字之后，人类就能组成网络，每个人完成庞大算法里的一个小步骤，而最后的重要决定由整个算法做出。这正是官僚体系的本质。……活在幻想里是一个更为轻松的选项，唯有这样，才能让一切痛苦有了意义。我们的叙事自我宁可在未来继续痛苦，也不想承认过去的痛苦完全没有意义。

——（以色列）尤瓦·赫拉利

中国的私家藏书始于春秋战国，史上最早的号称藏书万卷的藏书家是东汉的蔡邕，随后的魏晋南北朝是图书从简册过渡到写本的时期，在北魏出现了名士平恒"别购精庐，并置经籍于其中"，这大概是史上第一座私人藏书楼。唐朝人李泌的藏书达3万册，并首创将经史子集分别用红色、绿色、青色、白色牙签分类标注。牙签是国人在餐后使用的小工具，又成为藏书管理的小工具，阅读与美食高度联系，这一小工具就这样一直延续至清末民初。再者，李泌所在的唐代还是手写传抄的时代，藏书竟达3万卷，而700多年后的明朝著名藏书楼赵氏脉望馆，也仅两万余册的藏书规模，可见李泌堪称中古时代藏书家中的超级大咖。至晚明，江南最著名藏书楼就有常熟赵琦美的脉望馆、毛晋的汲古阁、钱谦益的绛云楼，宁波范钦的天一阁，绍兴祁彪佳的八求楼等。藏书量分别为20000余册、84000册、73大书柜（20000册以上）、70000册、31500册。可见，苏州常熟一地堪称中国第一藏书之乡。

后来脉望馆的藏书尽入绛云楼，钱谦益在纪念赵琦美的文章里写到："（赵琦美）网罗古今载籍，甲乙诠次，以待后之学者，捐衣削食，假借缮写。三馆之秘本，免园之残册，刓编斋翰，断碑残壁，梯航访求。朱黄雠校，移日分夜，穷老尽气，好之之笃挚与读之之专勤，盖今古之未有也。"其实在中国私人藏书史上，"捐衣削食"来搜书藏者是不计其数，而不惜重金换书的也是大有人在。譬如，明代名士王世贞所购宋版的前后《汉书》，是以一座庄园的代价换购的。他在此藏书的跋中有云："余生平所购前后班、范书，尤为诸本之冠，桑皮纸，均洁如玉，四方宽广，字大如钱，绝有欧柳笔法。前有赵吴兴小像，当为吴兴家旧物，吾失一庄得之。"此处的赵吴兴就是元代大画家赵孟頫，即此宋版两汉书原为赵氏所藏。后来，此书转归钱谦益，钱得书后，"每日焚香礼拜"，达二十余年。但后为柳如是建绛云楼，他还是卖掉了这部宋版两汉书。此书的题跋中，钱氏写道："床头黄金尽，生平第一杀风景事也。此书去我之日，殊难为怀。"再后来，钱氏小女儿同乳母嬉闹绛云楼上，不慎打翻烛火，引烧书纸，酿成大火，将绛云楼藏书焚毁。脉望馆也有一部奇书的流传佳话：赵琦美曾得到宋人李诚的《营造法式》一书，中间缺损10多卷，他就遍访藏书家，又借出文渊阁本作参考，校勘20年之久，终于完成全书。此书300多年后，有北洋政府交通总长朱启钤从南京江南图书馆发掘整理重印，随后被朱的好友梁启超寄给远在美国宾夕法尼亚大学求学的梁思成，《营造法式》一书遂奠定了梁思成、林徽因一生事业之基础，并海归加盟朱启钤自掏腰包创办的中国营造学社。梁、林之子梁从诚之名即来自纪念《营造法式》作者李诫。

中国现存最早的私家藏书楼仅两处，为晚明建筑遗构：常熟脉望馆和宁波天一阁。而其中宁波天一阁始建于明嘉靖四十年（1561年），以历时400多年而不衰，号称天下第一藏书楼。书阁为木结构的二层硬山顶建筑，通高约8.5米。底层面阔、进深各六间，前后有廊。二层除楼梯间外，为一大通间，以书橱间隔。此外，还在楼前凿"天一池"通连月湖。天一阁的这种建筑布局后来为其他藏书楼所效仿。由于传统建筑为木结构，再加之汗牛充栋的藏书，防止火灾成为保护藏书楼的第一要务。范钦对防火、防潮、防虫蛀高度重视。为了防火，天一阁四面临水，以便及时取水灭火；天一阁东面靠墙担心潮湿，于是在书橱下放置英石以收潮气；书橱内放置芸草以防虫蛀；楼上前后有短窗以利通风。并且主人范钦以图书私有，秘不示人为训，对藏书保管极严，连侄子范大澈借书他都不高兴。他死后，儿孙约定共同管理的制度："凡阁橱锁钥分房掌之，非各房子孙齐至不开锁"、"借人为不孝"，以至"代不分书，书不出阁"。但至晚清民国之际，天一阁藏书仍是减损大半，1940年仅剩13038卷。

学者周飞越在研究明代藏书事业繁荣的原因中认为，首先，官方发展社会经济为藏书事业发展奠定物质基础，开国皇帝朱元璋鼓励发展农业、经济作物，并且不为官府服役的工匠，缴纳顶工银两即可，产品可以在市场上自由出售。因而手工业发展很快，特别是造纸业和印刷技术有了较大的提高。纸张的品种在明代明显增多，闽浙所产的绵料白纸成为精印书籍的专供纸，广东还研制出防虫蛀的黄色防蛀书纸。印刷业的创新使木活字、金属铜活字、铅活字开始使用，并且多色套印技术的提高以及饾版、拱花技术的发明，也使书籍印制更为便捷与精美。其次，大兴教育、科举，为藏书繁荣提供了巨大的发

苏州网师园：从梯云室看外景

苏州网师园：从月到风来亭看外景

苏州网师园：从竹外一枝轩看濯缨水阁和月到风来亭

苏州网师园：引静桥

展空间，据《明史·选举志》载，洪武二十六年（1393年）南京国子监监生达8124名，已是一所近万人大学的规模了。在地方上，明政府规定各府、州、县都要设立府学、州学、县学，在乡村则要办社学。恢复被元朝废除的科举制，读书人更是积极响应。笔者再补充一点，与官方学府对应的是大量民间讲学、书院的勃兴，这些都对出版与藏书事业形成极大的推动。再次，宽松的政治环境，为藏书事业发展奠定了人文基础，明政府对于一般的学术和创作活动，相对来说干涉不多，因此，明代在哲学、史学、科技、文学艺术等方面的发展都达到了前所未有的高度。明代的私人藏书没有受到官方的高压和恐吓，人们基本上可以随心所欲地收罗书籍，明史上似不曾发生过某家藏有犯禁的书而发生文字狱，或因文字狱而祸及藏书的事情。明政府偶有关于禁止演出和收藏戏曲的法令，但多为具文，没有谁犯禁。不少藏书家收有数

苏州网师园：五峰书屋1

量不等的戏曲，这对藏书事业的发展也是极大地推动。又次，官方推行重书政策，为藏书事业的繁荣作出重要保证，明朝历时270多年，从洪武到崇祯共十七代，除了少部分昏庸糊涂皇帝外，整个明王朝基本上对藏书采取了保护、扶持政策。尤其是在明宣宗执政期间，官方藏书达到极盛阶段，"是时秘阁藏书约二万余部，近百万卷，刻本十三，抄本十七。"各代各地藩王也大多是藏书大家。特别是中国最大的百科全书《永乐大典》的编撰更是明代藏书事业繁荣的象征。据曹之《中国古籍版本学》统计，明刻"现存唐文集有278种，宋文集347种，辽金文集100多种，元文集324种，而明文集就有2000多种，几乎是唐宋辽金元代总和的两倍"。

有明一代，《农政全书》、《本草纲目》、《徐霞客游记》、《天工开物》、《园冶》、《几何原本》等一部部科技巨著，《水浒传》、《三国演义》、《西游记》、《三言》、《二拍》、《金瓶梅》、《牡丹亭》、《传习录》、《日知录》等一部部文学艺术哲学史学巨著灿若繁星，照耀着东方这片古老的大陆。法国学者谢和耐曾在《中国社会文化史》中说："明末的社会、政治、思想史，给人这样的印象，这段

苏州网师园：五峰书屋2

古典空间里的欲望困境

时期出现了中国第二次文艺复兴"，"这段时期华夏世界历史所发生的迅速演变明显反映在社会变迁方面：无产阶级与小资产阶级形成，农村生活深受城市影响而改变，大商人与实业家阶级登台。……则可能令人联想起欧洲资本主义初期的实业家阶级。"然而，实际上晚明实业家并未发展出真正的资产阶级和资本主义精神，或者说，所谓的"中国第二次文艺复兴"并没有促成中国迈入近现代社会，这不能简单地归因于明朝的覆灭与蛮族清人的入主，笔者将在本书的"结语"中给予讨论。

下面我们结合学者陈建的考证，先来看看蜚声海内外的藏书家毛晋与他的汲古阁。毛晋是苏州常熟人，明万历二十七年（1599年）生于昆承湖畔的横泾七星桥。他初名凤苞，字子晋，别号潜在。从小喜欢读书，前人笔记中说他"家富藏书、强记博览"，"性嗜卷轴"。青年时代曾多次参加科举考试，但屡试不第，正陷于困惑之际，母亲为他解梦说："梦神不过教子读尽经史耳"，由此毛晋得到启示，立志从事藏书事业。晚年他在主持编辑刊刻的两套巨著《十三经》与《十七史》的自叙中说："回首丁卯（1627年）至今三十年，卷帙纵横，丹黄纷杂，夏不知暑，冬不知寒，足不知出户，夜不知掩扉，迄今头颅如雪，目睛如雾，尚仡仡不休者，惟惧负我母读书之一言也。"乃至于他的老师钱牧斋说他："捐衣削食，终其身茫茫如也，盖世之好学者有矣，其于内外二典世出世间之法，兼营并力，如饥渴之求饮食，殆未有如子晋者也。"

苏州网师园：看松读画轩的长窗

父亲毛清，为当地富饶的乡绅地主，这为毛晋启动藏书大业奠定了比较雄厚的物质基础。他以整理家庭藏书为开始，很快展开广泛收书，重金标价，以页论价，这是中国藏书史上的先例。他还在家门口贴出告示：凡宋椠本，每页二百文；旧抄书，每页四十文；善本别家出一千文，他出一千二百文。此告示一出，轰动一时，常熟人竟然都有了一句谚语：三百六十行生意经，不如卖书于毛子晋。就这样，灭失严重的宋元刻本云集而至汲古阁。就在这些收书、藏书、传书的三十年历程中，毛晋创造了中国私家藏书史、出版史上的多个第一：

影宋第一：对那些用钱买不到的宋版书，他设法借来，雇高手用好纸，好墨影抄，字体工整，这种传真的方法叫影宋，人称"毛抄"。在明代抄本中最为人所重视。

刻书第一：对书籍的传播与传承文化具有远见卓识。他坚持"与世人共阅之"的理念，不仅将藏书提供给学者阅读，还启动了刻书出版。为此他变卖田产数千亩，抵押出粮库好几所，倾其家资创立了中国私家刻书规模最大、印书量最多、质量最精的出版机构：汲古阁。

毛边第一：到江西特制纸张印书，分厚、薄两种，厚的叫毛边，薄的叫毛泰。此名称一直沿用至今。这就是著名的毛边纸的出处。

经史私刻第一：历代经史部书籍都是政府官刻，而毛晋一人却组织力量完成翻刻《十三经》与《十七史》，几近耗尽家资。

苏州网师园：万卷堂室内

古典空间里的欲望困境

传播第一：毛晋不但愿意示人珍本，而且唯恐流传不广，还向全国书坊、印刷工厂供应所有雕版。从此"毛氏之书走天下"，汲古阁藏本不仅蜚声海内，甚至远播日本、韩国等地。仅此一项之意义，就已在人类传播史上铭刻下不可磨灭的篇章。至今，日本有一著名出版机构叫汲古书院，以出版中国古籍及研究中国古典文献、历史著作为主，还出版《汲古》专刊。再放眼人类传播史，譬如，博纳斯·李爵士被认为是世界互联网的发明者，1990年，他在欧洲核研究所任职期间发明了互联网，互联网络使得数以亿计的人能够利用浩瀚的网络资源。博纳斯·李爵士并没有为自己的发明申请专利或是限制它的使用，而是无偿地向公众公开了他的发明成果，从而使网络以前所未有的速度获得发展，普惠人类。前后遥距400多年的这俩人，对人类精神财富的传承、传播的奉献，让知识得以广泛地共享、分享的普世情怀是如此一脉，足以堪称人类传播史上的东西方巨匠！

苏州网师园：看松读画轩室内1

毛晋在七星桥筑汲古阁，阁后建楼九间，命名为目耕楼。汲古阁用于收藏精本善本，目耕楼收藏通用本抄校本，并设立印书工坊。目耕楼的左右凿池，旁边建绿君亭、二如亭，环池布栽花木竹石，以这样赏心悦目的园林环境延揽名流、名士、行家来参与校勘、出版活动。一时间，钱谦益、冯梦龙、冯班、冯舒、杨应山（常熟县令）、萧伯玉、缪仲淳、张金铭等齐聚汲古阁上，目耕楼前，使汲古阁刻书出版的品类雄冠海内：经史类、世无传本类、词曲结集类、时贤著述类、丛书类、道经佛藏类、小说笔记类，洋洋洒洒、规模宏大，其在晚明私家刻书出版业的地位、影响力以及毛晋的个人魅力，在中国出版史上，或许仅有民国时期的张元济及其商务印书馆、东方图书馆可以堪比。毛晋为人慷慨好义，接济贫困，排忧解急难，修桥补路于乡里；遇荒年，他用船运米给附近的贫苦乡民。汲古阁开版印书后，附近一带的读书人，只要自备白纸，就可以去换书。有人记录了当时的场景："行野渔樵皆谢帐，入门僮仆尽抄书。"

苏州网师园：看松读画轩室内2

古典空间里的欲望困境

苏州网师园：从濯缨水阁看外景

古典空间里的欲望困境

汲古阁如今已旧迹无存，仅存一只用整块花岗石凿成的荷花缸，留在常熟石梅小学内。毛晋以破产买书，毁家刻刊传书，并以所镌雕版供应全国书坊，广为传播，这在中国藏书史、出版史上是绝无仅有的。他以自己超越整个时代的情怀、抱负和事业完成了中国士子文人们古往今来的最高追求之"三不朽"：立德、立功、立言。与那些主流文人相比，毛晋的这个"三不朽"无疑是伟大的另类！

晚明江南藏书界除了江苏常熟是一座高地，浙东之绍兴、宁波也是另一处地标。这就不能不说到绍兴藏书家、名士祁彪佳和他的八求楼。其实，完整的称谓应是绍兴祁氏三代及其澹生堂、八求楼、奕庆楼。祁彪佳的父亲祁承㸁，祁彪佳的儿子祁理孙分别是澹生堂主人，奕庆楼主人，而祁彪佳作为八求楼主人，其楼名得自父亲最为推崇的宋人郑樵论求书之八法："即类以求、旁类以求、因地以求、因家以求、求之公、求之私、因人以求、因代以求"。祁承㸁三十四岁前曾藏书"颇逾万卷，藏载羽堂中"，可惜在万历二十五年（1597年）的冬天，一场大火，尽毁其书。此后，他决心从头再来，启动二次藏书工程。作为万历年间进士，祁承㸁曾在山东、江苏、江西、安徽、河南等地为官，官至江西布政使右参政，因而利用仕途的便利，历时二十多年，藏书破十万卷，尽入澹生堂。他对藏书的质量也提出了"眼界欲宽，精神欲注，而心思欲巧"的原则，譬如在收藏形式上，要不拘一格，无论是碑帖还是图志都该收藏；在他看来任何嗜好都不如读书，"博饮、狭邪、驰马、试剑"等嗜好都是"伤生败业固不必言"，而"玩古之癖"则"令人憔悴欲死，又不足言矣"，只有"移此种种嗜好专注于嗜书"，才是真正的"人生之乐矣"。父亲的人生观和藏书理念深深地影响了祁彪佳。结合学者赵柏田的描述，祁彪佳于明天启二年（1622年）进士及第，崇祯八年（1635年）从右佥都御史退隐

苏州网师园：从集虚斋透过竹外一枝轩看云岗

苏州网师园：集虚斋室内

回归家乡，不久，他看中离家不远的一处叫寓山的地方，决定在那里建造一座寓园，这个举措得到了父亲和哥哥的支持。在园林文化专家、好友张岱的热忱帮助下，祁彪佳携诗人妻子商景兰频繁往返于鉴湖、新桥、项里、戢山、樵风径、翠峰寺、禹陵、天镜园、快园等处学习取经，为了规划设计这座园子，他"每至形诸梦寐"，脑海里日思夜想的都被这园子填满了。首期工程耗时三年，此时北方的局势已是山河动荡，"流寇已渡长江"的传闻似乎更加催促他加紧建园的进度。有位朋友曾提醒劝诫他，如此乱世之际不该大兴土木，否则就是负君、负亲、负己，再加上不听朋友的谏言，则是负友。于是，为了悔过，他居然在寓园中再建一个"四负堂"，以志其过。一边自责，一边兴造，以创造的方式来承受痛苦，从中我们也可一窥生产型快感中蕴含痛苦感的一种必然。园中的文化核心八求楼的藏书虽比不上父亲的澹生堂10万卷规模，但31500卷也已是惊人的数字，即便不加上儿子祁理孙后来建的奕庆楼又增补了一万多卷，仅这祁承业、祁彪佳父子合计藏书达到14万卷之多，在晚明可谓独冠江南。崇祯十五年（1642年），也就是大明王朝覆灭前的两年，祁彪佳被起用为河南道御史，告别妻子，北上赶往京师。他的弟弟祁雄佳曾这样记述："渡河，抵沭阳。知京城戒严，士民商贾无一亲行者，先生向北号泣：君父有难，生死以之，吾计决矣。戎服介马，携干糇，历尽艰苦，入都门，都中人咸谓先生从天降耶。"清顺治二年（1645年）夏，清人多次以聘书、聘金来请祁彪佳出仕，最终他决意以身殉明，投寓园梅花阁前的水池自尽。祁理孙是祁彪佳的长子，被父亲的殉节所恸绝，从此闭门却扫，守制尽礼，筑奕庆楼，聚书赋诗，临池作画，念佛诵经，终其一生。

苏州网师园：琴室

苏州网师园：曲廊，右侧露一屋檐是蹈和馆，假山植被后面是小山丛桂轩

接着话题必然还要说到祁彪佳的挚友张岱，张岱对自家三世的藏书也饱含回忆：记得祖父曾经对我说，诸孙中只有你是嗜好读书，凡你要看的藏书，可随意取阅。我曾祖太仆文恭公和祖父用丹铅所批阅过的书籍以及亲手用过的旧物都保存在这里，我一并收集了两千余卷请示祖父，他非常高兴地让我都拿去。天启乙丑年祖父去世，当时我正在杭州，叔叔、弟弟们，门客、匠工、仆佣、婢女们都来抢书，这三代的藏书一日内尽失。我从儿童时代就开始藏书，历四十年，不下3万卷，乙酉年避战乱躲至剡溪时，略带了一些藏书，而这部分书籍又被当地士兵霸占并每天撕书用以炊烟，还被拖带至剡溪边上，塞入铠甲内，用于挡箭弹，40年所积的这部分藏书，也是一日内尽失。我家的这种藏书运，其深深的痛苦，谁家堪比啊！我感叹古今藏书之富，没有超过隋、唐的，……隋朝的皇家藏书达37万卷，唐朝的则有20.8万卷。而明朝仅一部《永乐大典》就已经堆积数库了，与它们相比，我的藏书简直就是九牛一毛，何足数哉！

苏州网师园：从云岗看月到风来亭和竹外一枝轩

苏州网师园：从庭院看梯云室

最后，我们来看看明万历二十五年（1597年）汪光华玩虎轩刻本《琵琶记》中的四幅版画。行文至此，奇妙的偶合发生了，本章开篇提到的中国史上首位藏书万卷的藏书家是东汉的蔡邕，而元末明初的南戏经典《琵琶记》是描写演绎汉代书生蔡伯喈与赵五娘悲欢离合的故事，而这蔡伯喈正是蔡邕。至于作者高则诚的《琵琶记》是否忠于史实，则不在此展开讨论，有关其故事内容也不多赘述，笔者仅对这四幅版画涉及的书房和藏书展开一点古典空间的解读。图4-1是书房场景，四面平条桌上有书函一只，卷轴一幅，笔筒、砚台与笔架各一只，书桌正中展开一幅正在创作的画稿纸。书桌后面有一只藕片纹瓷质坐墩，上覆碎花纹坐垫，从这一细节推断，这应是冬日里的书房，坐墩后面是大型山水座屏。山水画面中近景为山坡茂树下有一临水小亭，一位高士在亭中观景。小亭对岸为诸石延绵。远景为高耸的山峦横亘，纵深望去处也是山外有山。座屏左后方有木质户榻的攒边裙板局部。一位书生左手按住画纸，右手执笔于胸前，正抬头若有所思，画纸上已留下一行文字，这是书生正在创作的一瞬间的定格。

图4-1（晚明）汪光华：《琵琶记》1

图4-2是藏书楼的一角，立柱下为覆叶纹荸荠底柱墩，廊柱连着柳条式户槅，室内有步柱局部，左侧又有裙板局部。户槅与局部裙板之间为大型书架，满盈书籍卷轴。书架前有背板开祥云纹透光背椅一只。椅子与廊柱之间有四面平条案一只，上置彝瓶古董四件，画轴三卷。案几右前方地上有盆栽两件。从以上内容推断，此处应为主人的藏书兼收藏楼。

图4-3场景内有大型座屏立于中间，屏风上绘有梅兰竹石图。座屏左侧为四面平条案一只，上置瓷瓶三件；座屏后方有四足圆香几一只，上置香炉一件；座屏右边有夹头榫平头案一只，上置书函卷轴若干。座屏之前，有一女子坐于筋条纹坐墩上，坐墩上覆碎花纹坐垫，她双手套在袖中置于腿上，头微前倾，正在认真聆听。有一书生立于她前方，双手合于胸前，正在向她诉说。

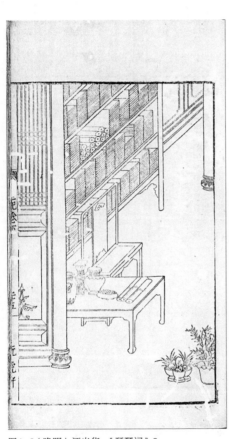

图4-2（晚明）汪光华：《琵琶记》2　　　图4-3（晚明）汪光华：《琵琶记》3

图4-4首先映入眼帘的是大片的室内方砖铺地，前方有石质矮条案上置盆栽三件，矮条案后方露出夹头榫平头案的局部，有一部书籍和一只冰裂纹瓷瓶置于案上；地坪中间的中柱下为覆叶纹荸荠底柱墩，中柱连着壹门式线脚的屏门局部；中柱与平头案后方是大型多层书架，书籍卷轴满盈；最后方是户槅攒边裙板局部。前景中有一女子立于室内，正双手托腮凝思。这组版画是明万历年间徽州人汪光华主持，由徽派刻工黄一楷、黄一凤刻版，这是明人想象中的东汉名士蔡邕的藏书楼场景。其建筑空间格局、装饰家具陈设、书函卷轴以及人物服饰装扮皆为明代样式，唯一可以与东汉时期蔡伯喈与赵五娘呼应的，只剩人物表情的一段叙事。

《琵琶记》刻本的全套插图为75幅，而笔者仅截取其中的4幅，因此，即便是对叙事的解读，也只能是一个小段落，只能是中国最早的私人万卷藏书的一个小场景。这样一个古典空间里的藏书小场景又与蔡伯喈、赵五娘的不同版本、不同悲喜结局的故事定格在一起。于是，古典空间里的欲望困境似乎就以一种隐喻性，最终交由读者去解读了。

图4-4（晚明）汪光华：《琵琶记》4

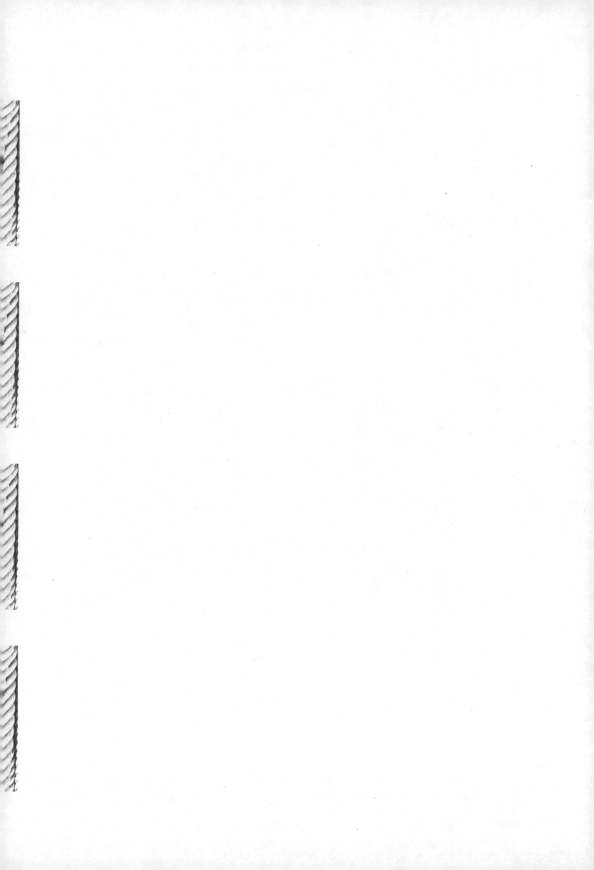

结语
conclusion

宗教由人创立，而非由神所创；宗教的定义应该在于其社会功能，而不在于神是否存在。任何无所不包的故事，只要能够为人类的法律、规范和价值观赋予高于人类的合法性，就应该算是宗教。宗教能够赋予人类社会结构合法性，就是这些结构反映了高于人类的法则。……就算在21世纪，也不太可能有纯粹的科学理论取代人文主义教条，但让两者目前携手同行的契约可能会瓦解，取而代之的是科学与其他后人文主义宗教之间截然不同的契约。

——（以色列）尤瓦尔·赫拉利

为什么"衣食住行"中,"住"是人们生活中最大的开支?因为"住"提供了庇护所,是人在物理上、心理上获得安全感的最主要的保障。那么为什么人们会对安全感投入最大呢?也许人类对安全感的焦虑,最根本的应归于对死亡的恐惧。如果把西方文化中的"向死而生"与东方文化中的"未知生,焉知死"分别作为对永恒的思考与对生生不息的思考,那么,将其投射到空间与建筑的范畴,我们就能看见,肉体与石头,肉体与木头就成为西方人与东方人的身体在空间建构中材料质地的表达。于是,肉体与寄生其上的精神朝着两个方向生长,它们表达了安全感与人类欲望之间的关系。可以说,如果失去欲望,也就不存在对所谓安全感的诉求。至此,似乎可见,我们最具份量的欲望诉求是与"住"(空间)高度相关的,而以上不同方向的欲望生长,以石头与木头,以永恒不朽与生生不息,一同构筑了我们的生命空间。

美国学者理查德·桑内特有一部名著《肉体与石头:西方文明中的身体与城市》尽管并未直言肉身、石头与永恒的关系,但他试图告诉我们:"文化在创建和利用城市空间方面曾经起到过重要的影响,但现在的城市理念却在造成文化的缺失和人们心灵的麻木。人类只有重新回归身体,回归感觉,才能真正恢复被现代城市文明所排挤掉的人的身体和文化。"其中也隐含了肉体与文化,石头与永恒之间生成的西方文明持久的内在张力。

而在另一个方向上,本书则以响应理查德·桑内特先生为一种尝试,以肉体与木头与生生不息作为一种意指来展开中国古典空间的一段段情境。在这肉体与木头的古典空间里,欲望试图再现那种生生不息,这是一种美学;同时,它却是闭路循环,这又是一种困境。生生不息就是永恒吗?笔者觉得,它至少缺失了探究和正视永恒所指向的不朽,所指向的"唯一真"。

结合加拿大华人学者梁鹤年的观点，应该说，"唯一真"来自犹太—基督神学与古希腊科学结合的传统，这是西方文明的文化基因之一。现代人类社会对自由、平等、民主、正义、博爱、宪法、科学等这些普遍价值的追求，并将其上升至永恒的高度，这正是"唯一真"不朽的驱动。好像记得是许纪霖先生曾将现代（西方）社会定义为基督教的世俗化，这是一个透辟之见，正是文艺复兴、启蒙运动以及近现代科学的兴起，并未彻底否定西方"黑暗的"中世纪。商务印书馆于近年出版了澳大利亚学者皮特·哈里森（Peter Harrison）的著作《科学与宗教的领地》，此书激活了大量尘封的原本显得枯燥的科学史料与宗教史料，绘制出了西方科学发展与基督教关系的一幅令人信服的复杂图景，颠覆了我们对于科学与宗教的许多常见的简单化理解。可以说，西方中世纪神学孕育出科学的"唯一真"体系正是欧洲人率先开启现代之光的力量源泉之一，如此，以上这些普遍价值才成为最近几百年来人类的进步成果，并广布全球，为我们所共识。

譬如，从中西文化比较视角，中国传统的精粹"礼乐"对人性持宽容的规范，而西方法制则是对人性持严格的规范；前者强调差序和谐，却容易导致对极权或特权的默许，后者基于法律之下的人人平等信念，是以一种幽暗意识洞察了极权、特权甚至是普通的人权中所共有的人性缺陷。所谓幽暗意识来自于美国华人学者张灏的观念：它是发自对人性中与宇宙中与始俱来的种种黑暗势力的正视和省悟，因为这个黑暗势力根深蒂固，这个世界才有缺陷，才不能圆满，而人的生命才有种种丑恶，种种的遗憾。持有幽暗意识洞察的人对人类未来是抱持着希望的，但这希望并不流于无限的乐观与自信，它是一种充满了"戒慎恐惧"的希望。

苏州网师园：入口门厅

再譬如，有当代儒学学者提出："过去是君主驯服我们，现在是我们驯服君主。"后半句的理解应是："现在由民主驯服君主"，其实这是一个伪命题。因为，若有君主即无民主，若有民主必无君主。尽管当代西方国家中有不少是君主立宪制的，但实质上这样的君主也是受制于宪法的，而"驯服君主"明显是指国家最高权力者仍是君主，而非宪法。某些当代儒学学者幻想基于差序格局实现民主与君主的共存共生，这仍是自相矛盾的。尽管差序格局是深植中国人的社会性的，它近乎是一种社会中效法自然秩序的显现，那么，我们就需要对这种社会中的自然秩序加以一种改善，一种革新的进步。从某个角度上说，在西方文明中，"进步"是必然律，平衡是必要律；而中国文明正好相反。

还有当代儒学学者这么说：传统文化是弥足珍贵的中国文化之根，"五四"以来的现代化进程，一方面激进地反传统，另一方面不断地西方化，使我们失

去了文化之根。并且中国中断传统是被迫的，所以是病态的。陶东风先生反

驳道："很难说哪个是病态的，哪个是正常的。像中国古代社会那样连续千年

基本上在同样的社会、政治、经济、文化传统内缓慢发展就是正常的，而像

'五四'那样采取了激进反传统的发展方式就是'病态的'？或者自发的、内

部驱动的发展就是正常的，源于外部异质文明影响的发展就是不正常的？所

有后发国家都是在西方影响下开始现代化，这些国家的文化都是病态的吗？

传统为什么不该断裂？在（某些当代儒学者的观点）背后实际上存在民族本

位的价值判断立场，即以民族文化保存为最高目标，但没有一个超越民族的

价值标准就无法真正判断一个传统的好坏。中国传统文化并非一无是处，它

在整体形态上是前现代的，是与传统中国的小农社会及王权政治联系在一起

的，它在总体上说与现代的社会政治制度、经济结构以及文化价值存在本质

差异，不对它进行整体上的反思和扬弃恐怕很难创立适合现代社会的新文化

价值系统。"

苏州网师园：撷秀楼1

有关"进步观"，近年似乎被知识界的某些人士批评得很厉害，其实，如果我们仍从中西文化的比较视野去看，中国传统在"乱世、升平、承平、太平"中循环的历史观与西方基督教世俗化的历史线性进步观，似乎呈现矛盾，实际上，前者的问题在于容易陷入价值相对主义的泥沼，后者的问题在于容易导致人对自然的无限征服。因此，我们应该持有的辩证综合是：即便存在历史循环观的境况，仍要强调线性进步观；正因为历史之路不一定是线性的进步，所以线性进步观才成为必要；正如感性是人类的自然天性基础，而追求理性正是人类获得自然界尊严的首义。并且，中国传统文化之"好古"对进步的牵制性，容易形成历史循环观，同时，若没有人类进步观，就没有我们今天享受到的现代价值及其福祉。持"历史循环观"的人也可能欣赏荷尔德林、海德格尔的"诗意的栖居"，这或许可以解决个人的问题，但是在解决社会问题时往往乏力。此外，我们还能看到，制度是对于人性而言的，大自然

苏州网师园：撷秀楼2

秩序体现的是一种生态链，若剔除人类，这种自然秩序是不被觉察、不具有价值意义的。因此，社会制度的根本应是一种精神链，历史循环观可以对应自然生态链，而要对应精神链则应是循环观与进步观的结合。

又譬如，近年有西方学者以及越来越多的中国学者研究"南宋现象"，即认为中国早在南宋时期已经是全球最具近现代性的国家，甚至早于欧洲四五百年，被誉为全球史上"近代的拂晓"。列举出诸如：保障妇女离婚后的权益的法律；发达的商品经济与海外贸易；市民社会的繁荣，首都临安人口123万人，比北宋开封的100万人和欧洲最大城市威尼斯的10万人都胜出，为当时全球第一大都市，尊重知识分子，皇帝不杀士人；当时传统社会中全球的科技发明，中国占了50%，其中，火药枪、指南针都发明于南宋。但是，为什么中国随后并未进入真正的近现代社会？表象的解释无非是蒙古人的入侵导致南宋的灭亡。笔者于此提出两个设问：（1）如果当时没有被蒙古人覆灭，南宋会发展出君主立宪制？（2）南宋当时会发展出类似基督教新教的伦理思想，然后与商品经济结合产生现代资本主义精神与制度？而被称为早期现代的晚明中国，似乎重现了"南宋现象"的许多特征，然而，在笔者看来，以上对南宋的两个设问，对三百年后的晚明依然有效！尽管南宋和晚明，都曾在商品、技术、文学、艺术甚至是思想上闪现过现代性或者说类似西方文艺复兴的某些特征，这样的所谓资本主义也被认为曾在全球史上的多地萌发过，但真正的资本主义的精神、产业及其制度的兴起、发展、扩张只能是始于欧洲，尤其是彼时欧洲的基督教新教地区。

上接本书"导论"涉及的话题来展开讨论：马克思·韦伯的有关以上命题的反驳者英国学者陶尼认为，宗教确实会影响人生观，也会改变人们对社会的见解，但经济与社会的变迁更会影响宗教的观点。并且，资本主义之所以兴起，主要是发现新大陆后，大量白银与香料流入欧洲，造成物价革命，带动产业发展，促进资本主义兴起，而非资本主义因信仰基督教新教而兴起。另一位反驳者法国学者布罗代尔也是从地理变迁的角度解释资本主义在北海地区（正好是新教信仰区）发达的原因，并认为当时欧洲经济重心迁移，是因为欧洲北海地区的开发程度，生活水平和工资都不如南方的西班牙、葡萄牙和意大利，所以，南方的工业逐渐被北方的低工资、大市场、廉价的内河运输网、沿海的高效船队这些有利条件抢过去。因此，中国台湾学者赖建诚认为，韦伯命题是"非历史的"，近代资本主义的发展并不是基督教新教的贡献，任何宗教信仰的族群只要具备当时的有利条件，又碰巧在西欧北方那个历史潮流与位置上，任何勤奋的社群都会有类似的成就。他还举例：威尼斯一直是欧洲的经济重镇，但威尼斯人不信奉新教；中国台湾第二次世界大战后快速成长也不是因为儒教的力量（或信奉新教）推动的。他还使用了一些经济、社会的研究数据来说明韦伯命题有误，这些数据包括彼时信仰新教的人口比例、与平均每人的财富、证券交易所的成立时间、19世纪70年代的铁路网密度、19世纪50年代的婴儿死亡率、农业的男性劳动力、工业的男性劳动力等等。诚然，笔者认可以上三位学者反驳的材料和切入的角度，但应该

苏州网师园：濯缨水阁室内

苏州双塔罗汉院：正殿遗址

说，以上三人的观点对韦伯命题的否定或许是混淆了两个概念，即"资本主义萌芽"（初阶）与"资本主义兴起"（高阶）。从全球史视野，前者在南宋、晚明、南欧等地都曾出现，并得到初步发展；但后者则只是在欧洲的北海地区出现，再发展至英国，并率先实现了近现代化的飞跃。这正是因为，在政教二元分离、封建王国分立、基督教新教的兴起和环球地理大发现这样的欧洲文化、政治、地理、经济格局下，新教伦理与新经济结合发展出资本主义精神，使资本主义的运作系统及其制度化才得以长足的进步，最终遍及全球。应该说，韦伯命题是值得肯定的，并需要补充阐释，而非否定。实际上，其切入的角度正是新教伦理对资本主义兴起（社会、经济与制度）的精神塑造力，这恰恰是全球其他地区（包括南欧）在彼时所不具备的。再举20世纪的一个具体例证来说，中国台湾在第二次世界大战后的快速成长正是得益于彼时发达的资本主义国际贸易与国际产业分工，并在儒家文化背景下，充分发展资本主义精神、运作系统及其制度化建设，才成为亚洲四小龙之一，这也正是受到了资本主义兴起及其成熟化的深度影响，而非受资本主义萌芽的影响。并且，资本主义萌芽早在南宋和晚明就曾影响过中国人，南宋的GDP是全球的一半，海外贸易量居全球各国首位；晚明的GDP也占全球的近一半，全球贸易的白银有三分之一流入晚明；南欧（威尼斯、葡萄牙、西班牙）在国际贸易地位上也曾一度与南宋、晚明类似。因此，用经济、社会、地理变迁论（排除宗教、伦理、精神及其对资本主义制度的影响这些要素）来反驳韦伯命题是一种错误，或至少是值得商榷的。从南宋和晚明的"资本主义萌芽"未能发展为"资本主义兴起"这一史实，就值得我们深究其因。然而，笔者并不认为，资本主义的今天或未来就是人类最好的社会制度，但不可否认，资本主义所开启的现代性从整体上奠定了人类社会的当下格局。尽管"现代性"在以色列学者尤瓦尔·赫拉利看来，是让人类同意放弃意义，换取力量。并且，他认为，资本主义的最高价值就是增长，因此，贪婪能促进增长让人们开始追求更多，从而破坏了长久以来抑制贪婪的纪律。这些固然是现代性的

苏州双塔：罗汉院正殿遗址

苏州双塔：罗汉院南院

一些负面价值，但对于当代中国而言，笔者更认可哲学家邓晓芒呼吁的第三次启蒙，并坚信现代性的那些正面价值（即普遍价值）是可以和意义（进步）相结合的。其实，尤瓦尔·赫拉利所担心的"唯增长"是对进步的一种异化，而真正的进步观应是对"唯增长"式力量追求的一种批判。

说到基督教新教伦理，再结合张灏先生的观点，从基督教来看，人既然不能神化，人世间就不可能有"完人"。在基督教以外的一些文化里，如中国的儒家传统，希腊的柏拉图思想，解决政治问题的途径往往是归结到追求一个完美的人格作为统治者，这种追求"圣王"和"哲王"的观念，是难以正视幽暗意识的。人能够反思自身，就已经表明人是具有神性的，但这仅是一部分，另一部分则是人性中的兽性，这部分就是幽暗意识所"戒慎恐惧"的。因而可以说，幽暗意识与人性的欲望高度相关。行文至此，笔者并非要与儒学为敌，而是认为，仅靠传统资源是无法实现中华民族的伟大复兴，因为伟大复兴如果排斥了汲取异质文明的文化更新，我们将难以真正地融入人类共同体，也就无法共赴人类命运的未来。

本书已近尾声，读者或许会感到，笔者在"结语"中的这些讨论似乎明显溢出了有关建筑、空间文化，欲望及其快感美学的论域，然而，如果本书的主旨是关乎古典空间背景中的哲学人类学观察，那么，政治哲学、生命政治、生命哲学以及现象学、视觉文化、社会经济史等也就应该广域性地纳入我们的视野，这也是拓宽建筑、空间文化研究边界的一种尝试。本书对古典空间里的欲望及其困境的探讨，所涉对"唯一真"的思考是对这些欲望叙事背后的那个时代，对其惯性传统与边缘突破之间的困境所做的某种叩问。这让我们从欲望现象去思考本能，而人类对本能的征服注定会失败，但，即使屡战屡败，也要屡败屡战，这才是理性（文明）对本能的超越之路，这超越之路就是无限逼近"唯一真"。并且，欲望本身并不一定陷入困境，关键是看其能否在消耗型快感与生产型快感之间，在快感价值与终极价值之间生成"转换性创造"。"创新"，如今已经成为中国人乃至全人类描述发展之路所使用的字频率最高的概念，创新之路是无尽的，也就意味着，对"唯一真"的追求和阐释之路是无止境的，创新就是无限逼近"唯一真"。

古 典 空 间 里 的 欲 望 困 境

此外，"唯一真"给予我们的启迪还在于，李泽厚先生指出："真，可认作是被设定的宇宙客观存在及其规律性，即物自体是也。它是发明与发现、认识与信仰的共同源泉，是哲学探索指向的诗意神秘。"有人说，科学、宗教、艺术分别指向真、善、美，同时它们又必须是三位一体的，我们才能完整有效地去把握。在笔者看来，尽管传统中国文化曾经在天理、天道与世俗社会之间存在过对超越世界的肯定，但由于缺失"唯一真"的文化基因（包括对"道"的人格化）及其导向现代性的科学求真，只能长期局限在艺术、佛道和儒家伦理中寻找真理、真知、真相，形成的重要成果之一是主观型艺术高度发达，中国人在美学上是最早熟的。而这种美学早熟的一个标志恰恰就是以否定"唯一真"来进入一个新境界。正如美国华人学者方闻所说的："中国绘画从十四世纪开始就根本上超越了具象艺术，提前越过了模仿阶段，开始关注自我指示的绘画符号，从而趋向于一种艺术史的艺术，在其中图画只是对其他已经完成和尚未绘制的图画的能指。"其实，在绘画以外的几乎所有领域，中国美学早熟的影响因子也是无处不在。譬如在辩证观上，东方辩

苏州双塔罗汉院：正殿遗址的石柱

证观的特点是辩证中寻求和谐，和谐无疑是美学的重要指标，却容易导向"你好、我好，大家好"，至于什么是最好，则持模棱两可的弱标准；西方辩证观的特点是辩证中展开批判，而批判在西方文化中更具建设性，并以此探寻"唯一真"之美，属于强评估。

许纪霖先生说："现在（人类）的问题是，由于世俗化社会本身的内在限制，超越世界不是被完全消解了，而是正在以某种方式复活，后世俗社会中宗教的复兴、道德的政治化、伦理秩序的重建，乃至人文价值的重提，都是这一问题的体现。任何一种有价值意义的生活，它都具有某些超越的性质。"因此从这个角度上，"唯一真"也应成为我们当下生活的一个重要的价值命题。这一价值命题并非要导向对所谓的一神教的崇拜或皈依，而是希望我们能发掘一种包容宗教的精神深度，进而去理解其世俗化的"唯一真"，去理解"唯一真"与现代性的关系，乃至在后现代，"唯一真"的含义与价值又如何？

应该说，"唯一真"对于我们中国人是一种弥足珍贵的异质文明的价值补充，尤其是在今日的地球村，本土文明与异质文明之间相互汲取、补充、批评，可以让我们携手并进来探索、共构属于全人类的"唯一真"。并且，"唯一真"正如爱因斯坦所说的："这个世界的永恒的神秘是它的可理解性"，它启迪推动着我们不断地去反思、去寻求答案。而对于个体，学者乔春霞在解读查尔斯·泰勒的哲学人类学思想时说："自我的解释和解答永远是暂时性的，不存在最终的答案。只有那些能够进行自我反思，并且永远追问生活意义的人，才能达到自我的深度，成为有深度的人。……无止境的寻求或许会让人感到迷茫，也或许会让人永远充满希望，因为新的可能、超越的可能总是存在。"

苏州拙政园：绿荫掩映秋香馆

苏州双塔罗汉院：正殿遗址石柱细部

正因为人的生命是有限的，死亡是必然的归宿，笔者宁愿面向这样的自然律与生命伦理，来讨论何为一种有价值意义的生活，即便今日有先锋科学家、未来学家声称人类将在2045年掌握永生的技术，而这种技术并不见得就能普惠人类。死亡作为归宿这种悲观或许可以从历史循环论中寻找解脱，但更可以让我们去超越生命的有限，去追求进步的美好。但这种进步绝不能被科学主义的唯技术进步论所绑架，否则，未来的世界必将由超人式的永生者而非不死者来统治，而他们以为自己就是众神。笔者以尤瓦尔·赫拉利在《未来简史》中的一段描述来结尾："这些未来的超人并不像神那样绝对不死，他们仍然可能死于战争或意外，而且无法起死回生；他们也不像我们这些凡人终有一死，他们的生命并不会有一个到期日。只要没有炸弹把他们炸个粉碎，没有卡车把他们碾成肉酱，他们就能永生。这样一来，他们可能成为历史上最焦虑的一群人。凡人知道生也有涯，因此愿意冒险体验人生，比如登上喜马拉雅山或者怒海弄潮；还会做其他算得上危险的事，比如穿过街道、去餐厅吃吃饭。但如果你相信自己可以永远活下去，像这样不断冒险可能就太疯狂了。"

最终，下一部《众神世界里的欲望困境》，就交由他们去续写吧！

文献

references

人文主义认为生命就是一种内在的渐进变化过程，靠着体验，让人从
无知走向启蒙。人文主义生活的最高目标、就是通过各式智力、情绪
及身体体验，充分发展人的知识。19世纪初，建构现代教育系统的重
要人物威廉·冯·洪堡（Wilhelm von Humboldt）曾说，存在的目的
就是"在生命最广泛的体验中，提炼智慧"。他还写到："生命只有一
座要征服的高峰：设法体验一切身为人的感觉。"

——（以色列）尤瓦尔·赫拉利

参考书目：

1 尤瓦尔·赫拉利. 林俊宏译. 未来简史. 北京：中信出版集团，2017.

2 乔希·科恩. 唐健译. 死亡是生命的目的：弗洛伊德读. 北京：中信出版社，2016.

3 张灏. 幽暗意识与时代探索. 广州：广东人民出版社，2016.

4 王晓明，蔡翔主编. 热风学术（第十辑）. 上海：上海人民出版社，2016.

5 陶东风，和磊，贺玉高. 当代中国的文化研究. 北京：中国社会科学出版社，2016.

6 李泽厚. 人类学历史本体论. 青岛：青岛出版社，2016.

7 袁枚著，王刚编著. 随园食单. 南京：江苏凤凰文艺出版社，2015.

8 柯律格著，高昕丹、陈恒译，洪再新校. 长物：早期现代中国的物质文化与社会状况. 北京：生活·读书·新知三联书店，2015.

9 陶东风. 文化研究与政治批评的重建. 北京：中国社会科学出版社，2014.

10 梁鹤年. 西方文明的文化基因. 北京：生活. 读书. 新知三联书店，2014.

11 丹尼尔·博尔著，林旭文译. 贪婪的大脑：为何人类会无止境地寻求意义. 北京：机械工业出版社，2014.

12 童寯. 江南园林志（第二版）. 北京：中国建筑工业出版社，2014.

13 乔春霞. 查尔斯·泰勒的哲学人类学思想. 北京：知识产权出版社，2014.

14 赵柏田. 纸上苍生：历史中的那些面孔与心灵. 北京：当代中国出版社，2013.

15 范凤书. 中国著名藏书家与藏书楼. 郑州：大象出版社，2013.

16 玉兰散人，拙石. 园疑. 北京：中国建筑工业出版社，2013.

17 王溢嘉. 中国文化里的情与色. 北京：新星出版社，2012.

18 陈正勇，杨眉，朱晨. 中国建筑园林艺术对西方的影响. 北京：人民出版社，2012.

19 柯律格著，黄晓娟译. 明代的图像与视觉性. 北京：北京大学出版社，2011.

20 杨小彦. 中华传统建筑：天人和谐的流淌旋律. 广州：广东人民出版社，2009.

21 童明，董豫赣，葛明编. 与会（第一辑）：园林与建筑. 北京：中国水利水电出版社、知识产权出版社，2009.

22 王世襄编著，袁荃猷制图. 明代家具研究. 北京：生活·读书·新知三联书店，2008.

23 李敬泽. 反游记. 北京：中国国际广播出版社，2007.

24 高罗佩著，李零等译. 中国古代房内考. 北京：商务印书馆，2007.

25 柯平. 都是性灵食色：明清文人生活考. 重庆：重庆出版社，2006.

26 江晓原. 云雨：性张力下的中国人. 上海：东方出版社，2006.

27 理查德·桑内特著，黄煜文译. 肉体与石头：西方文明中的身体与城市. 上海：上海世纪出版集团、上海译文出版社，2006.

28 威廉·亚当斯著，黄剑波、李文建译. 人类学的哲学之根. 桂林：广西师范大学出版社，2006.

29 张岱著，于学周、田刚点评，郭芳审校. 陶庵梦忆. 青岛：青岛出版社，2005.

参考论文：

1　张卜天．"科学"与"宗教"概念的演变：评皮特·哈里森新著《科学与宗教的领地》 新知，2016.6

2　刘芝华．《真赏斋图》卷与华夏身份的构建．美术与设计，2015.4.

3　张建雄．资本的出路：海外学者眼中的晚明日常生活．我们，2012.7.

4　郑也夫．摧毁创造力的中国式理性．信睿，2012.10.

5　俞香云．晚明文人的闲适情趣．文艺评论，2011.12.

6　周飞越．明代藏书事业繁荣的政治因素探究．新世纪图书馆，2010.3.

7　张玮．明代藏书家祁承业的采访思想．国家图书馆学刊，2010.4.

8　李涛，刘锋杰．知识分子过剩与社会价值裂变：晚明性灵文学思想诞生新论．社科纵横，2008.4.

9　王玲真．明代中叶的苏州狂士与苏州城市人文精神．新乡学院学报，2008.10.

10　罗燕，周加胜．欲海中并不彻底的颠覆：试比较西门庆与王熙凤的价值观．黄石教育学院学报，2006.9.

11　袁墨卿，袁法周．晚明江南文化殊相：名士与名伎的艳情与悲剧．枣庄学院学报，2005.2.

12　徐林．宴饮与明中后期江南士人社会交往生活．社会科学战线，2005.2.

13　叶当前．试探从"存理灭欲"到"理即欲"的转换．苏州科技学院（社会科学版），2003.2.

14　钱晓鸿．明清人的"奢靡"观念及其演变：基于地方志的考察．历史研究，2002.4.

15　杨绪宽．论《金瓶梅》劝诫的三种方式．明清小说研究，2000.2.

16　陈学文．论明清江南流动图书市场．浙江学刊，1998.6.

17　王美英．试论明代的私人藏书．武汉大学学报（哲学社会科学版），1994.4.

18　陈建．毛晋与汲古阁．社会科学，1984.3.

19　朱彦霖．王世贞书画鉴藏与交游研究．苏州大学硕士学位论文，2014.3

20　安艺舟．明代中晚期文人雅集研究．中央民族大学硕士学位论文，2012.5.

21　殷武军．明清奢靡消费探析：以江南富民为中心．云南大学硕士学位论文，2009.5.

22　贾海建．论《金瓶梅词话》中的宴饮描写．曲阜师范大学硕士学位论文，2008.4.

参考网页：

1　秦晖，陈嘉映，于硕．黑暗降临的时刻，仍然为善打赌．理想国imaginist（微信公众号）（2017.6.21）

2　赖建诚．新教伦理真的促成了资本主义发展吗？南方周末，http://www.infzm.com/content/125147.（2017.6.8）

3　张柔情．《金瓶梅》风流作者屠隆死于梅毒．张柔情的博客，http://blog.sina.com.cn/s/hlng 5c1083e20102dujr.html.

4　鱼哥唱碗．钱谦益与绛云楼．天涯论坛，http://bbs.tianya.cn/post-books-180443-1.shtml.

（备注：本书的部分配图来自互联网，请有关图片作者联系我们：416944295@qq.com ）

后记
postscript

这正是历史知识的悖论。知识如果不能改变行为，就没有用处。但知识一旦改变了行为，本身就立刻失去意义。我们拥有越多数据，对历史了解得越深入，历史的轨迹就改变得越快，我们的知识也过时得越快。

——（以色列）尤瓦尔·赫拉利

本书的写作中，我曾随手在360搜索引擎里输入关键词："快感美学"，显示相关结果有约112万条，而在其"相关搜索"栏内显示的关键词如下：

"超快感指令；性快感；樱花公主之极乐快感；致命快感；快感指令；前列腺快感；纵情快感；快感方程式；如何提升性生活快感；换夫快感；快感"。

如果有读者是冲着以上这些趣味，未加细审，就贸然浪费了银子买下此书，或许是被"欲望困境"、"消耗型快感"、"生产型快感"这些惹眼概念有所误导，笔者在此要致以千万分的歉意！本书名并非要效仿某些畅销书那样去吸引眼球，实因属于《苏作匠心录丛书》（第二辑）这个"古典空间里的系列"中的一部。其他三部是《古典空间里的佛像艺术》、《古典空间里的碑刻艺术》与《古典空间里的宋风家具》。你看看，这个系列都是与艺术有关的主题，而这部"欲望困境"展开对快感的叙事讨论，却像个异数，更似有"以今人之眼光，度古人之心性"之嫌。

不过，今年6月21日的"理想国"微信公众号上，中国香港学者于硕女士在评述法国著名思想家埃德加·莫兰的著作《伦理》时说："尽管我们进入了数字时代，但是在精神状态上我们处于全球的铁器时代。在精神上，在对人类自身的理解上，我们就是'小儿科'一样。这个全球世界早就存在了，但是我们不去接受。于是这个书中提出了人类伦理、环球伦理、人类政治、文明政治这样一系列的概念，都使我们面对一个早就全球化的世界，只是这个世界被我们每个人拒绝。我们需要超越本身内在的魔鬼去直面这个世界，我们必须行动。"

可以说，本书的意指正是对"尽管我们进入了数字时代，但是在精神状态上我们处于全球的铁器时代"这一现象的一种体察省思，并探寻一种困境突破。即便我们仍是"小儿科"，但行动已经开始。而行动的开始与坚持也离不开以下学者、专家的支持，诚挚鸣谢：

加拿大女王大学城市与区域规划学院前院长、教授梁鹤年先生；重山社社长稀达林先生，苏州重山文化传播有限公司总经理周骏先生；江苏理工学院艺术设计学院院长、教授汤洪泉先生，江苏理工学院艺术设计学院党总支书记、教授何涛先生；中国建筑工业出版社责任编辑胡明安先生。

徐伉

2017年10月于苏州

图书在版编目（CIP）数据

古典空间里的欲望困境／徐伉著 . —北京：中国建筑工业出版社，2018.3

（苏作匠心录丛书 . 第二辑）

ISBN 978-7-112-21582-9

Ⅰ.①古… Ⅱ.①徐… Ⅲ.①古典建筑－建筑艺术－研究－中国 Ⅳ.①TU-092

中国版本图书馆CIP数据核字（2017）第293554号

责任编辑：胡明安
责任校对：王宇枢

苏作匠心录丛书（第二辑）

古典空间里的欲望困境

徐伉 著

曹志凌 摄影

*

中国建筑工业出版社出版、发行（北京海淀三里河路9号）

各地新华书店、建筑书店经销

北京锋尚制版有限公司制版

北京中科印刷有限公司印刷

*

开本：787×960毫米 1/16 印张：12¾ 字数：202千字

2018年2月第一版 2018年2月第一次印刷

定价：**50.00**元

ISBN 978 - 7 - 112 - 21582 - 9

（31244）